ロボットとは何か

人の心を映す鏡

石黒 浩

講談社現代新書

2023

プロローグ　ロボットは人の心の鏡

「人に心はなく、人は互いに心を持っているると信じているだけである」

多少極端な言い方ではあるが、それほど的を外《はず》しているとは思わない。実際に自分にいくら問いかけても、自分の心とは何かはなかなか理解できるものではない。一方で他人を見ていて、その人の心の方が自分の心よりも理解できると思うこともある。

たとえば、それは、こういうことだ。

私は、自分に不愉快なことがあっても、そのことに本当に腹を立てた方がいいのかどうか悩むことがよくある。後々考えて、改めて腹が立ってくることもあるのだけれど、考え方次第で、自分の感情をかなりコントロールすることができる。そんなとき、本当に自分はどんな心を持っているのだろうと悩んでしまう。

しかし、他人が激昂《げきこう》する様子を見ていると、怒っているのだなとすぐに分かるし、泣いているのを見れば、悲しいのだと理解できる。そんなとき、自分の心よりも他人の心の方が理解しやすいのではないかと思う。内部から自分を見ているときよりも、外から他人の様子を見ているときの方が、「心の存在」を感じることができるのである。

これと同じことが、私だけではなく他の人にも起こっているのではないか。私が誰かに対して感情を露《あら》わにしているときに、まわりの人は、私の心を生々しく感じるだろう。

そのようにして互いに心があると信じているのが人間であると思う。ゆえに、

「ロボットも心を持つことができる」

と私自身は考えている。

私は、コンピュータビジョン（画像認識＝画像をコンピュータに理解させる研究）で博士号（大阪大学）を取得し、その後、山梨大学、大阪大学、京都大学、和歌山大学、再び大阪大学と渡り歩いて、ロボットやアンドロイドや人の行動を認識するセンサネットワークの研究に取り組んできた。その間、カリフォルニア大学に滞在したり、ベンチャー企業を立ち上げたり、ＡＴＲ知能ロボティクス研究所で研究をしてきた。三年程度で新しい環境や新しい研究の展開を求めて所属を変え、新しい研究プロジェクトを立ち上げてきた。

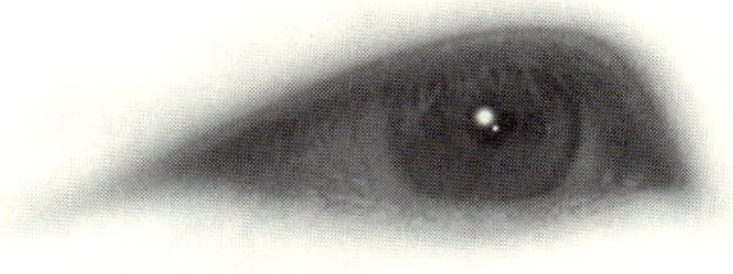

目は人の心を映す鏡である。
人の心は、その人の仕草に表れる。そしてその仕草は、それを見る人の目を通して観察される。仕草を見る人は、そこからその人に対するさまざまな思いを抱き、その思いはまた目の表情として表れる。その表情を持った目は、再び相手の心に影響を与える。
すなわち、人は目を介してつながっていく。
ロボットが心を持つようになるかどうかは分からない。ただ、ロボットが心を持たないとしても、その仕草に心を感じることはできる。我々の目は、ロボットにも人と同じような心を見ているのである。そして、そのロボットを見る人の目には、そのロボットに対する感情が表れる。このようにしていつの日か、ロボットも、人間同士の心のつながりの輪に入っていくことができるのだろう。

二〇〇八年には、ロボットによる演劇の制作にも関わった。ロボットと人間の役者がともに舞台で演じるのであるが、その演劇を観たほとんどの人たちが、ロボットに心を感じたと感想を述べた。私自身も、演じているロボットに心を感じた。「ロボットは、人間の心までも映し出す鏡である」と、改めて感じた。

人類は、長い歴史の中で、幾度となくロボットを作ってきた。ここでいうロボットとは、ある仕組みで動く機械を指す。ゼンマイの仕組みや、蒸気機関の仕組みなど、新しい技術が発明されるたびに、それを用いて、何の役に立つのか分からないロボットを、繰り返し作ってきたのである。

いま、人間型ロボットを作る技術力を持った我々は、また同じようにロボットを作っている。その理由は、役に立つロボットを作るということよりも、人間を知りたいという、より根源的な欲求に根ざすものであると思う。

本書では、ロボット開発を通して人間を知るという、私の一連の研究を紹介しながら、いかにロボットが優れた人間の鏡であるかについて述べていきたい。

前ページには、目の写真を掲げた。ロボットやアンドロイドがその「感情」や「人間らしさ」を表現するときも、人間が人の心を読むときも、いつも最初に注意を向けるのは、目である。目は、人間にとってもロボットにとっても特別な意味を持つとともに、人間やロボットが人間社会と関わるもっとも重要な接点である。目を見ることによって、我々人間は多くの情報を得ることができる。互いに心を持つと信じ合うのが人間社会であれば、他人の目に映し出されるのは、自分の心であり、目はまさに、心の鏡なのである。

目次

第１章
なぜ人間型ロボットを作るのか

考える「ジェミノイドHI－1」。私自身をモデルにしたアンドロイドである

コンピュータビジョンからロボット研究へ

私は、いくつかの研究テーマを経て、この一〇年はロボットの研究開発にのめり込んでいるが、もともと大学ではコンピュータビジョンを学んでいた。

プロローグでも触れたが、コンピュータビジョンとは、カメラから得られた画像をコンピュータで解析し、その画像に何が写っているかをコンピュータに認識させる研究である。

このコンピュータビジョンの研究を深めていくうちに、

「体を持たないコンピュータに真の認識が可能か？」

という疑問が生まれてきた。

コンピュータが画像を認識できるようにするには、その映し出された画像に関する知識をプログラムとして埋め込む。

しかし、どれほどの知識を埋め込めばいいのだろう。

たとえば、椅子を認識するには、世界中のあらゆる椅子の形をコンピュータに教え込まないといけない。一方、人間は果たしてそのようなことをしているだろうか？　人間は自らの体を通した経験をもとに、ある程度心地よく座れるものを椅子として認識する。初めて見る椅子であっても、それを椅子と認識できるのである。

すなわち、人間は体を使って物を認識するために、画像に映し出される形だけにとらわれないで認識できる。座れるかどうかという認識の目的をもとに、必要な特徴に注目して、より一般的な認識が可能である。

コンピュータが人間と同等の認識能力を持つには、人間と同じように、環境の中で動き回り、物に触れる体が必要となる。これが、私がコンピュータビジョンの世界から、ロボットの世界に研究の範囲を広げた理由である。

ロボットに人間らしい視覚を持たせる研究

コンピュータビジョンの研究を経て、ロボット研究に入ってまず取り組んだのは、ロボットに人間らしい視覚機能を持たせることを目的にした、視覚移動の研究だった。

私が当時取り組んだ研究は、二つに分類される。全方位視覚の研究と能動視覚の研究である。

人間は二種類の視覚動作を行っている。一つは、環境を広く見渡し、自分がどこにいるのかを認識し、また、目的の場所に移動するために必要となる「全方位視覚」と呼ばれる視覚動作である。もう一つは、興味ある物を詳細に調べるために注目し続ける「能動視覚」と呼ばれる視覚動作である。

これらの視覚動作の研究は、日常生活の場で活躍するロボットのための視覚研究だった。

それまでのロボットの視覚機能の研究は、おもに工場内や限られた環境で動作するロボットのための研究だった。私は、より複雑な環境で、より人間らしく行動するロボットを実現したくて、この人間の持つ二つの視覚動作の研究に取り組んだ。

これらの視覚動作の研究は、それなりに評価された。特に、全方位視覚の研究は当時所属していた研究室の他の研究者の研究を含めて、コンピュータビジョン研究の一分野を築いた。我々の研究から始まった全方位視覚の研究は、いまでも世界中で取り組まれ、専門の国際会議が開催されている。

しかしながら、これらの視覚動作の研究には限界があった。視覚の研究はしょせん視覚の研究であり、ロボットの機能の一部に過ぎない。

「目的を持たないロボットは物を認識できない」

のである。たとえば、椅子に座るという目的を持ってはじめて、ロボットには、目に映る物の中から椅子を見つけて、それを認識するという機能が芽生える。

全方位視覚や能動視覚の研究は、従来のコンピュータビジョンとは異なり、見渡したり、物に注目したりというロボットの動作を取り入れたものだった。この成果を取り入れたロボットの動作も、人間らしくなった。しかし、その動作は視覚情報を得るための動作であり、ロボットそれ自体が、目的を持っているわけではない。視覚動作だけでは、まだ単なる視覚の研究に過ぎないのである。

ロボットの目的とは？

では、ロボットの目的とは何だろうか。

従来のロボット研究は、おもに工場で働くロボットを研究対象にしてきた。工場では、ロボットはあらかじめ決められた経路に沿って荷物を運んだり、物を組み立てたり、溶接をしたりする。工場ロボットの研究では、誘導（ナビゲーション）や操作（マニピュレーション）と呼ばれるテーマが、おもな研究対象となる。

工場内では環境は変化しない。変化したとしても予測可能なものである。だから、起こりうることをすべてあらかじめ想定して、ロボットを設計し、そのプログラムを開発することができる。これが、工場で働くロボットの研究の大きな特徴である。

私は、工場の中で機械的に動くロボットには興味があまりなかった。私がめざしていたロボットは、より複雑で、より一般的な環境で働くロボットである。人間が生活するような場で、人間のように考え、働くロボットが作りたかった。

「コンピュータによる認識とは何か」と考えるようになってから、興味は徐々に、単なるコンピュータやロボットの開発から、

「人間とは何か？」


という、より深い興味に移ってきていた。

日常生活において、人間は実に多様なことをしている。しかし、その多様な作業を分類すると、やっていることのパターンは意外に単純である。朝、電車に乗って、会社に行き、会社では、人と話をしながら書類を書く。ひと通り作業が終わると、また電車に乗って、帰路につく。移動すること、人と関わり人と話をすること、決められた作業をすること。ごく簡単に分類すれば、この三つに分けられるかもしれない。

この三つの中で、移動することと決められた作業をすることは、おおむね工場の中で働

くロボットと同じようなものだろう。工場のロボットと人間が大きく異なるのは、「人と関わり人と話をする」ということである。

この「人がいる環境で人と関わる」ということが、従来の工場で働くロボットが持たないタスクであり、新しいロボットの可能性を広げるものである。私の関心もここにある。

人間と関わるロボット

人間と関わるロボットの研究は、従来のロボット研究とは異なり、根本的な難しさを持つ。それは、人間が予測不能な存在だからだ。

人間の行動は実に多様である。その多様な行動をすべてあらかじめ想定して、行動の一つ一つに対するロボットの動作を決定しておくことは不可能である。

工場で働くロボットでは、まわりの人間など不確定な要素をすべて取り払ったところで、ロボットが活動する環境を整え、ロボットのタスクを決める。一方で、日常生活において、まわりの人間を排除することはできない。日常生活とは、人間が活動する場であり、そこで働くものはロボットでも人間でも、人間を意識する必要がある。すなわち、「人間と関わる機能」を作ることが、研究の中心的な課題になる。この研究を、人間とロボットの相互作用（ヒューマン - ロボットインタラクション）と呼ぶ。

この「人と関わるロボット」の研究開発のもっとも大きな特徴は、ロボットの開発と人間についての理解を同時に進めなければならないという点である。

人間に関して完全な知識を持たなくても、人間が利用できる機械を作ることはできる。たとえば横長テレビは、人間の特性を最初から考慮して設計されたのだろうか。テレビの幅を偶然横長にしてみて、臨場感が出ることに気づき、あとから人間の視覚特性を改めて調べ直した可能性もある。

パソコンのマウスやキーボードも同じだ。とりあえず情報を入力する手段は必要なわけで、そのために、いろいろな形や機能を試してみた可能性もある。

そのようにしているうちに、ある特定の形が多くの人に受け入れられて、その製品がたくさん売れるようになる。そうなると、その形には人間の何かに訴えるものがあるはずだ、人間の特性を反映しているはずだと考えて、改めて人間の性質を調べてみることになる。

インターネットとロボット

さらに典型的な例がインターネットである。インターネットは、メールやウェブの機能によって、急速に世界的に普及した。しかし、どうして人間はネットをそれほどまでに好むのか？　ウェブによる情報共有がそれほど便利なのか？　それによって人間社会が変わったのは、人間の持つどのような性質に基づくのか？

言いたいことは、これまでのロボット工学の常識であれば、まずは環境やタスクに関する完全な知識を準備して、その知識の範囲でロボットを設計して動かすというアプローチをとってきた。けれども、人間を含む環境がよく分からなくても、ロボットを作ることはできる。すなわち、

「人間がよく分からなくても、人が利用する物を作ることは可能である」

ということである。

もう少し説明を加えると、インターネットや携帯電話など、人間に利用され、社会を変えていく新しい技術は、人間に関する完全な知識なしに、設計され、普及する。その普及によって、人間の新しい性質が発見され、発見された性質は再度製品の設計にフィードバックされる。

「製品の改良と人間に対する理解が同時に進行する」

のである。言い方を換えれば、生活上の強いニーズから生じた冷蔵庫や洗濯機などの開発とは異なり、インターネットや携帯電話に象徴される新しい技術開発は、それ自体が人間理解を伴うものになっている。人と関わるロボットも、インターネットと同様である。

実際、人と関わり、人とコミュニケーションできるロボットは、ここ四、五年のうちに、多くの企業でプロトタイプが試作され、いくつものショッピングモールで実証実験が続けられている。そのような実証実験を繰り返しつつ、人々の反応を見ながらロボットを改良していこうとしているのである。

そのような意味で、ロボットの技術開発は、社会の変革を伴いながら普及するインターネットと同様に、人間理解を伴う技術開発なのである。認知科学や心理学における人間の知識をヒントに、ロボット工学やセンサ工学の技術者がロボットを作る。ロボットを作るには、むろんヒントだけでは不十分で、システムを構成する際には、工学的な知識を加える。認知科学や心理学には、人間はこのような機能を持っているという断片的な知識は数多くあるが、それらをつなぎ合わせてどのような仕組みになっているかという、システム構成に関する知識はほとんどない。その足りない部分を、技術開発では工学的な知識で補い、実際に稼働するシステムに仕上げるのである（次ページの上の図参照）。

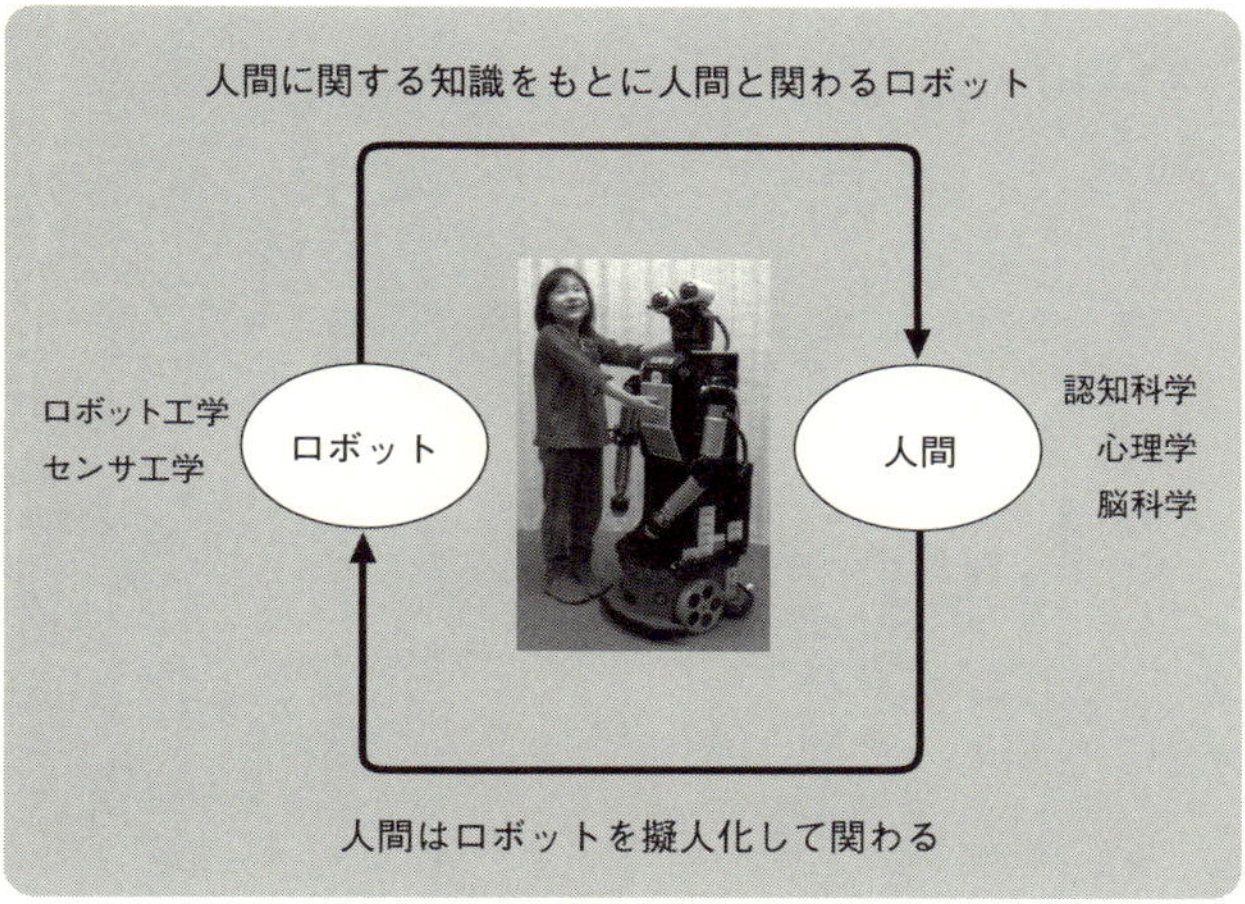

人間と関わるロボットの研究

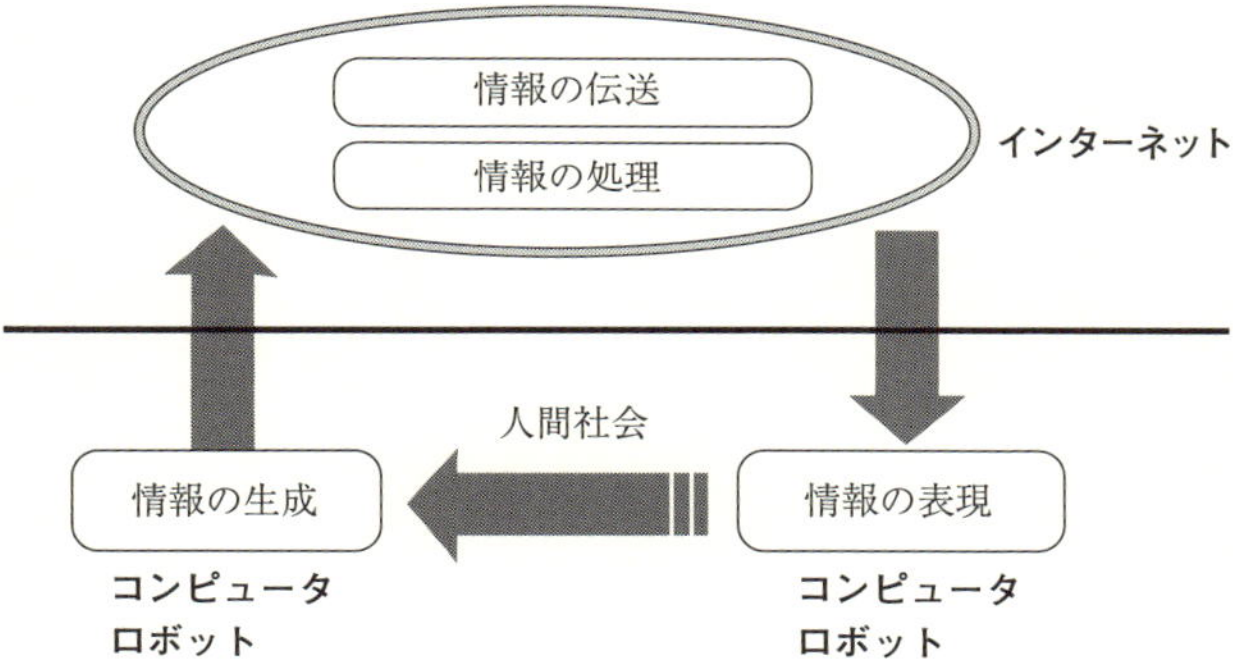

インターネットとロボットと人間社会

このようにして開発されたロボットは、人間社会でその性能を試される。ロボットが高い性能を示せば、それは、そこで応用された認知科学や心理学の知識が正しかったこと、さらには付け加えた工学的なシステム構成仮説が正しかったことを裏付ける。すなわち、ロボットを使って、認知科学や心理学も進化していくのである。

認知科学や心理学が進化すれば、また新たな知識が得られ、それをもとに、ロボットはさらに改良される。ロボットを開発することは、単なる技術開発ではなく人間を理解するための技術開発なのである。

人間理解のための技術開発

このような技術開発は、何もロボットだけに起きていることではない。先にテレビの例を挙げたように、本来、我々が日常生活で利用するほとんどの製品は、同様の側面を持つ。完全な製品はなく、常に人々の評価にさらされ、改良され続けていく。

では、そのような製品作りのアイデアはどこから来るのだろうか？　もちろん人の中から出てくるのである。人が人にとって便利なものを作る。その便利なものとは、本来人が行ってきた作業を肩がわりしてくれるものである。言うなれば、

「技術開発を通して人の能力を機械に置き換えている」

というのが人間の営みではないか。その営みは、ひいては次のように言い換えられるかもしれない。

「人間はすべての能力を機械に置き換えた後に、何が残るかを見ようとしている」

ロボットは、そのような、「人間を理解したい」という根源的欲求を満たす格好の道具である。先に述べたように、人類は、新しい革新的技術を手に入れるたびに、それをロボットの形にしてきた。我々はあえて意識してこなかったが、常に、技術開発を通して人間を理解しようとしてきたのである。そう考えれば、ロボット開発が人間理解と結びつくという考えは、特段新しいものではない。これまで繰り返されてきた営みと同じである（なお、ここでの「ロボット」とは、冷蔵庫やテレビのような家電製品を含む「広義のロボット」を意味する）。

おそらく異なるのは、先に述べたように認知科学、心理学、脳科学といった分野と、ロボットの技術開発が密に結びつくようになってきたことである。認知科学や心理学は、これまで独自の方法論を確立してきた。ゆえに、これまでは、技術開発と深く結びつくことはなかった。しかしながら、ロボット研究が進み、人間らしいロボットを作り出せるようになると、これらの分野の研究者もロボットに強い興味を持つようになってきた。

ところで心理学や認知科学の実験では、さまざまな道具が用いられる。たとえば、ペグ－イン－ホールという実験では棒（ペグ）を使う。これは、ワシントン州立大学の心理学者メールゾフが考えた実験で、人間が棒を穴に差す様子を子供に見せた場合と、機械が棒を穴に差す様子を子供に見せた場合とを比較するというものである。結果は、人間が棒を穴に差した場合には、子供はまねをするが、機械の場合はまねをしない。子供はまねをする対象に、人間らしさを求めるのである。

そこで、ロボットを道具として同じように利用するとどうなるだろうか？

私は以前、板倉昭二氏（京都大学）とともに、著者らが開発したロボットを機械のかわりに用いて、このペグ－イン－ホールの実験を行ってみた。その結果、子供は、ロボットの場合にもまねをしたのである。このとき子供は、ロボットにある程度の人間らしさを感じていた可能性がある。

このようにロボットは、心理学や認知科学の一種の道具として使われていくのではないか。それによってその方法論も、ひいては変えていくのではないか。

なぜ人間型ロボットなのか？

ここで「なぜ私が人間型ロボットを作るのか。人間型ロボットにこだわるのか」を説明しておこう。

人間型ロボットとその他のロボットの違いは、まず第一にその見かけにある。前者は、頭や手があり、いわゆる人間らしい見かけを持っている。必ずしも人間そっくりである必要はない。顔のようなものや手のようなものが、人間と似たようなバランスで備え付けられていればいい。

もっとも大きな違いは、先に述べたように、そのロボットのいる環境に人間が存在するかどうかである。ゆえに、人間型ロボットの研究において、もっとも重要なテーマは「人との関わり」である。

そして、この「人との関わり」において、

「人間型ロボットは、他のメディアと比較したとき、より優れている」

人間は本来、対話の対象を擬人化する傾向を持つという、非常に強い脳の機能を備えている。たとえば、人間は、ヤカンにさえ話しかけることができるが、話しかける際には「どこに鼻がありどこに目があるか」を無意識のうちに想像している。

ロボットは、一種のメディアである。右に述べた人間本来の脳の性質に鑑《かんが》みれば、擬人化しやすい人間型ロボットが、他のメディアよりも親しみやすいメディアとなることは、容易に想像できる。

端的に言えば、人間の脳は、パソコンの画面を見たり、キーボードを操作したりするように設計されているというよりは、他の人間を認識し、人間と関わるために設計されていると言っていいだろう。ゆえに、人間型ロボットは、パソコンや携帯電話を超えた、万人が受け入れることができるメディアになる可能性がある。子供からお年寄りまで、パソコンは使えなくても、人間型ロボットには自然に話しかけることができるのである。

現在、我々は、パソコンや携帯電話を介して、インターネットから情報を受信し、さらに、送信もしている。しかしながら、キーボードを使いこなせない人たちにとっては、非常にとっつきにくいメディアとなっている。もし、人間のように人間と関わる人間型ロボットが開発できれば、それは、パソコンや携帯電話に並ぶコミュニケーション手段として、必要不可欠なものになる可能性があるのである。

第２章
人間とロボットの基本問題

女性アンドロイド「リプリーQ2」と私

これまで開発してきたロボットを紹介する

この章では、これまで開発してきたロボットを紹介しながら、私の関心や研究テーマのこれまでの流れを紹介したい。

私自身は、突飛に聞こえるかもしれないが、

「人間を理解する」

という、非常に単純な目的のために、これまでロボット開発をしてきた。この目的は単純だが、ゆえに、多くの基本問題に気づかせてくれた。

日常生活の場で働くロボットをめざして、一九九九年に最初に開発したのが、ATR知能ロボティクス研究所の日常活動型ロボット「ロボビー」である（33ページ写真①）。そして、このロボビーを手本に、二〇〇二年に開発されたのが三菱重工業（株）の「ワカマル」（正式名称は「wakamaru」だが本書ではワカマルと表記する）である（同②）。ワカマルは私が開発に関わったわけではないが、関連が深いのでここに取り上げた。

その後さらに、ワカマルをベースに改造して、ATR知能ロボティクス研究所の「ロボビーⅣ」を二〇〇四年に開発した（同③）。

続いて二〇〇五年に、より人間らしいロボットをめざして、(株)ココロと大阪大学の共同で、人間にきわめて似た見かけを持つ、女性アンドロイドの「リプリーQ2」を開発した(同④)。

さらに二〇〇六年には、私そっくりのアンドロイドである「ジェミノイドHI-1」をATR知能ロボティクス研究所で開発し(同⑤)、同年には、子供ロボット「CB2」をJST(科学技術振興機構)「ERATO浅田共創知能システムプロジェクト」グループリーダーとして開発した(同⑥)。

ロボットも見かけが大事だ

右にあげたワカマルであるが、このロボットが開発された当初、私自身はそのデザインがあまり好きでなかった。ロボットのデザインとしては優れたデザインだったとは思う。しかし、人間らしさにこだわっていた私には、ワカマルの顔は昆虫の顔のように見えたのである。

そのことを三菱重工業の担当者に伝えたが、結局、同社はこのデザインを採用した。

そのとき思いいたったのは、「見かけに関して、私の意見は説得力を持たない」ということである。

考えてみればそれは当然である。私はロボットの研究をしてきたが、それは「ロボットをどのように動かすか」という研究で、ロボットの見かけについては何も研究してこなかったからである。

しかし、見かけというのは非常に重要である。少なくとも、動きと同じくらい人間に影響を与える。たとえば、遠くから歩いてくる美女や美男子に注意を引かれるのは、その動きに引かれるのではなく、見かけに引かれるのである。また、朝、鏡で確認するのは、顔であり、癖などの動きではない。実際に、我々は自分の動きについてはかなり鈍感で、変な癖を持っていても、自分で気づくことは少ない。

特に人間らしい見かけについては、我々はより敏感である。ここで言う人間らしさとは、アニメのキャラクターのような人間らしさではなく、生身の人間と認識される人間らしさである。人間に酷似した見かけを持つロボットをアンドロイドと呼ぶが、このアンドロイドに対して我々人間は、ワカマルのようなロボットらしいロボットに対するのとは異なる特別な感覚を持つ。

なのに、どうして我々ロボット研究者は、見かけの問題を軽視してきたのだろうか？

冷静に考えれば、

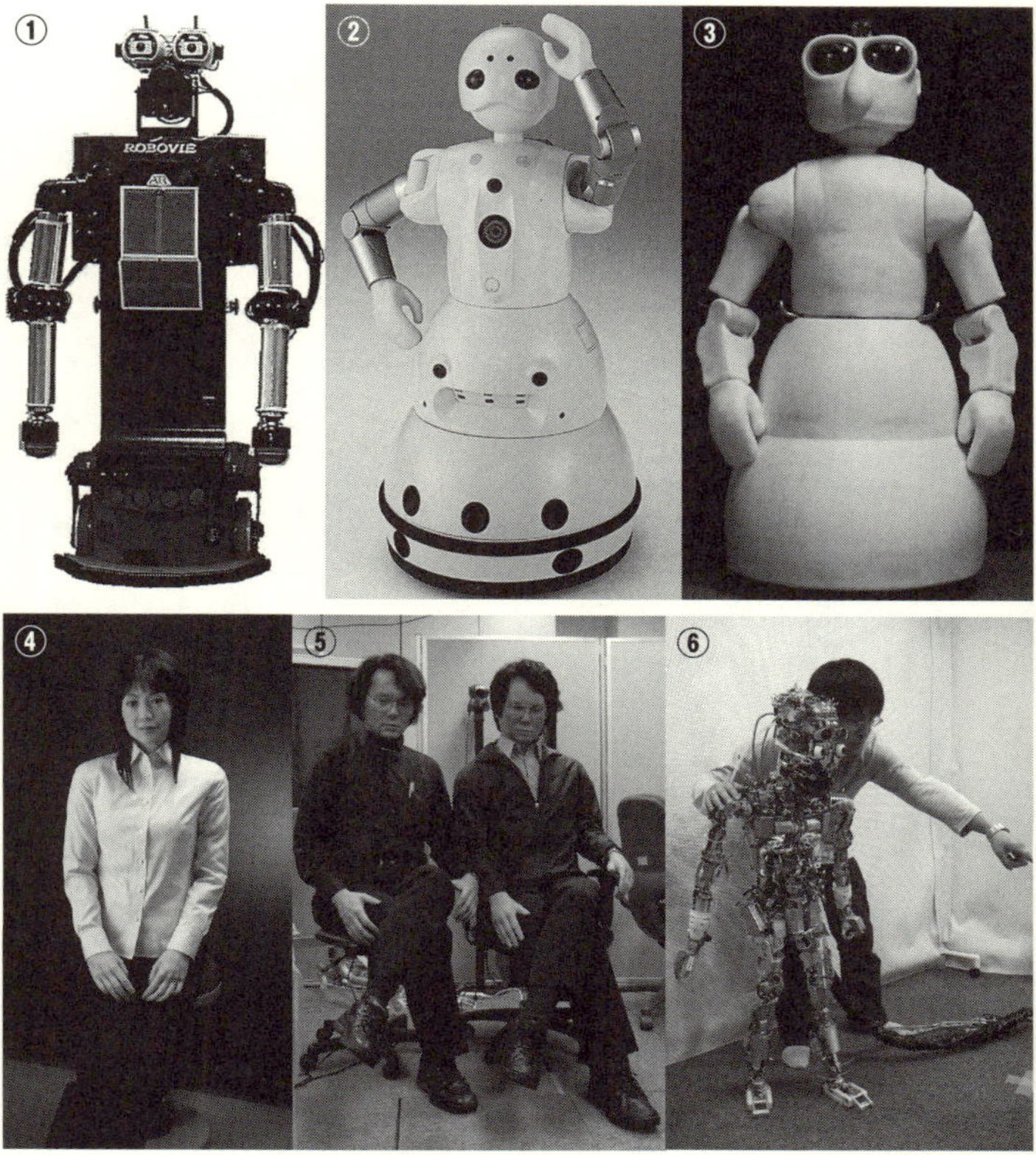

これまでに著者が関わってきたロボットの一部
① ロボビー（ATR知能ロボティクス研究所が開発、1999年）
② ワカマル（正式名称はwakamaru、三菱重工業［株］が開発、2002年）
③ ロボビーⅣ（ATR知能ロボティクス研究所が開発、2004年）
④ リプリーQ2（大阪大学石黒研究室と［株］ココロの共同開発、2005年）
⑤ ジェミノイドHI-1（ATR知能ロボティクス研究所が開発、向かって左側は著者、2006年）
⑥ CB2（JST［科学技術振興機構］のERATO浅田共創知能システムプロジェクトが開発、写真は皮膚を取った姿、2006年）

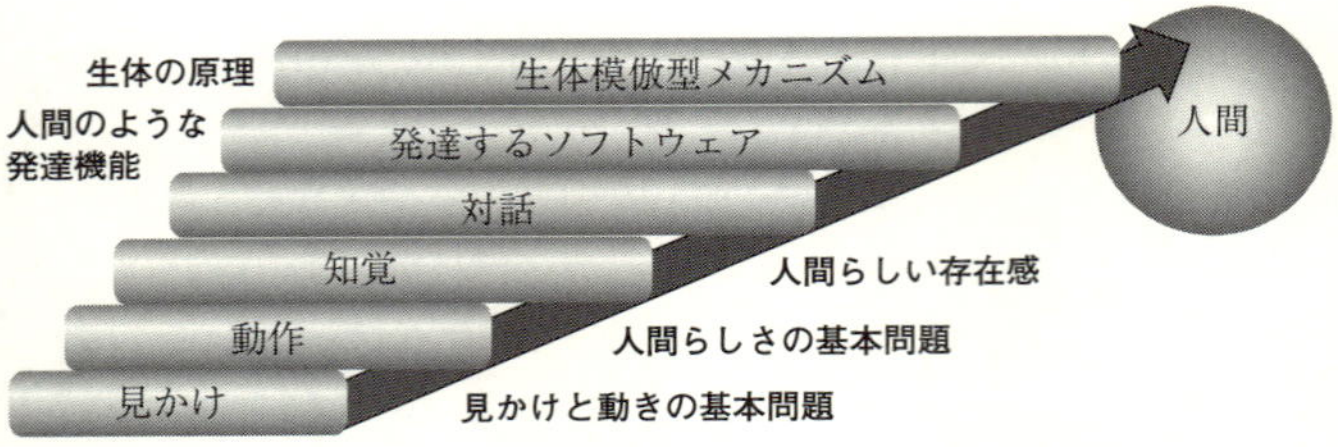

これまでに開発したおもなロボットと基本問題

「見かけは動き同様に重要である」

ということに、簡単に気づいたはずである。しかしながら、見かけの問題はデザイナーの仕事であり、技術者の仕事はロボットを動かすことと決めつけていた。

大学ではロボット工学という授業がある。しかし、その授業でロボットの見かけについて学ぶことはない。先人たちが築き上げた研究分野の中で、学び育ってきた我々は、いつしかその分野の範囲だけにとらわれて、本当の基本問題を見失っていたのかもしれない。そう思ったとき、私は非常に深い反省の念を覚えた。そして同時に、人間に限りなく近い見かけを持つアンドロイドの研究開発をやろうと決心したのである。

私の基本問題は「人間の理解」

それ以来、私の研究はまわりから見ても大きく変わったと思う。既存の分野や、それまでの大学で学んだ教えにとらわれることなく、研究テーマを設定することができるようになった。

私は、研究テーマの設定においては、常に「基本問題は何か？」「より深い問題は何か？」と問うようにしている。これは、博士号を取得したときの指導教官の教えでもあるのだが、結局、研究というのは、いかに深い問題に取り組めるかが大事であるという、先の経験から学んだことでもある。

このような思考の道筋を経て、私は

「ロボットの研究とは人間を知る研究である」

という結論に行き着いた。人間の誰しもが気軽に関わることができる、日常生活で利用できる機械の実現をめざして、ロボットの研究に取り組んできたのであるが、そのもっともお手本とすべき例は、人間そのものである。ゆえに、ロボットの開発と人間理解が結びつくのはごく自然なことなのである。

一方で、この基本問題は、ロボットの研究だけに当てはまるものではない。いかなる分野やいかなる仕事に携わっていても、行き着くところ、

「あらゆることの基本問題となるのは〈物事の起源〉と〈人間〉しかない」

ことに気がつく。物事の起源とは、原子分子の世界であったり、宇宙のはじまりであったりする。物理学者はそのような基本問題に一生を捧げるのだと思う。一方、その他の問題はすべて人間につながっている。経済であろうが、哲学であろうが、工学であろうが、医学であろうが、すべての興味は「人間とは何か？」というところに行き着く。

テレビや新聞の記者が取材に来ると、私はよく、「取材も同じですよ。根本には人間に対する興味があるでしょう？」と説明する。人間に興味があるから取材をするわけで、その取材を通して人間とは何かを理解しようとしているのが、メディアの活動ではないだろうか？

私は、ロボットの研究に携われてかなり幸運だったと思っている。むろん他の仕事に就いていても、人間理解を基本問題にすえた活動をしていた可能性は非常に高い。しかしロボットがいいのは、分かりやすい形で、自分の研究成果を世の中に出せることである。その分かりやすさゆえに誤解を生むこともあるが、それでも、他の分野に比べて、純粋に「人間を理解したい」という気持ちを持ちながら、研究に取り組むことができる。

人間を工学的に実現する

私が行ってきた一連の研究は、右に述べたような意味で、「人間を工学的に実現する」という目的のもとに、次々に浮かび上がる疑問に素直に答えようとしてきただけである。

話をこれまで開発してきたロボットの話題に戻そう。

一九九九年に開発した日常活動型ロボットの「ロボビー」(33ページ写真①)は、それまでに開発された、犬型ペットロボットのソニーの「AIBO」や、二足歩行のホンダの「アシモ」とは異なり、日常生活において人にサービスを提供するという独自の目的を持っていた。

三菱重工業(株)がロボビーを手本に、その製品版ともいえるような位置づけで開発したのが、「ワカマル」(同②)である。しかし、先に述べたように、私自身はワカマルのデザインには疑問があった。どうしてそのデザインがいいのか分からなかった。もっと人間らしい方がいいとも思った。

そのことをきっかけにチャレンジした研究テーマが、「見かけと動き」という基本問題である。

ロボットが人間に酷似した見かけを持つと、今度は、動きも人間と同じでないと不気味になる。人間の姿形で機械的に動くとゾンビを見ているような不気味さを感じる。この問題を克服するために、「アンドロイドの人間らしい動き」という研究テーマを掲げたのである。その人間らしい動きを実現するために、成人女性型のアンドロイドである「リプリーQ2」（同④）を開発した。さらに、外から見た要素である見かけや動きだけでなく、その知覚機能も人間に近づけるために、皮膚センサの開発や、多数のカメラを用いて人の行動を認識するカメラネットワークの研究にも取り組んだ。

このリプリーQ2を用いた研究では、

「人間らしさとは何か？　どのようにロボットで再現するか？」

ということが問題であった。

リプリーQ2は、二〇〇五年の愛知万国博覧会でも展示され、高い評価を得た。とりわけ海外のメディアには興味を持たれ、万博で特別展示された研究用ロボットの中で、海外メディアによる投票によって第一位に選ばれた。

この万博での展示では、一般の人たちにも高く評価してもらえたと思う。一方で「もっといろいろアンドロイドと話をしたい」という意見も多くいただいた。しかしながら、それは不可能である。

そこで、その対話問題を何とかしようとして作ったのが、私自身をモデルにしたアンドロイドで、遠隔操作可能な「ジェミノイド」（正式名称は「ジェミノイドHI-1」、同⑤）である。ジェミノイドという言葉は、双子という意味の「ジェミニ」とアンドロイドやヒューマノイドにも使われている「もどき」という意味の「オイド」を組み合わせたものである。ジェミノイドは、オペレータがインターネットを介して、その体に乗り移って話ができる、遠隔操作型のアンドロイドである。

ロボビーや女性アンドロイドも多くのメディアに取り上げてもらったが、このジェミノイドはそれ以上に多くの注目を集めた。特にヨーロッパでは人気が高く、ヨーロッパ各国の科学番組に、いまでもしばしば取り上げられている。アメリカでも、映画「サロゲート」（ブルース・ウィリス主演、二〇〇九年、二〇一〇年一月日本公開予定、原題 *Surrogates*）のDVD収録ショート・ドキュメンタリーに、私とジェミノイドの映像が使われた（二〇〇九年末までに全米で販売予定）。

おそらくこのジェミノイドの研究成果によって、二〇〇七年に私は、イギリスのコンサルティング会社であるSYNECTICS社が行ったメールと専門家アンケートによる投票で、「生きている世界の天才一〇〇人」に選出された。おもしろかったのは、その順位である。私は二六位で日本人としても技術者としても最高位だったのだが、同順位に、宗教者ダライ・ラマ（一四世）と映画制作者スティーブン・スピルバーグが並んでいる。ヨーロッパの、特にイギリスの人々は、私の仕事を、どこか宗教的でどこかSF的なものとみなしているのかもしれない。

私にとって、このジェミノイドでは、「人間らしさとは何か？」という問題を超えて、

「人間の存在とは何か？」

ということが基本問題になった。詳しくは第5章で述べるが、なによりも、哲学的な問題にまで触れることができたことがうれしかった。

連鎖していく研究テーマ

しかしながら、技術的な面では、深刻な問題も起きはじめていた。それは、ロボットがあまりにも複雑になりすぎて、メカは作ることができても、それを制御するコンピュータのプログラムがなかなか完成しないことだった。むろん、限られた動作であればプログラム可能であるが、より人間らしさを追求したプログラムとなると、いつになったら完成するのか見当もつかない。

そういう時期に、大阪大学で同僚だった浅田稔氏と始めたのが、「認知発達ロボティクス」である。浅田氏が代表を務める、JST（科学技術振興機構）の「ERATO浅田共創知能システムプロジェクト」のグループリーダーの一人として開発に取り組んだ。ここで開発したのは子供ロボット「CB2」（33ページ写真⑥）で、いわば「生体模倣型ロボット」と言ってよいものである。

人間は、自らの複雑な体を、生まれてから一、二年のうちに制御できるようになる。これは、発達という機能を持っているためである。このプロジェクトは、「まさに人間のように発達するロボットのソフトウェアを作ろう」という野心的なものである。ゆえに、このロボットにおける基本問題は、

「発達するロボットを作ることができるか？」

ということになる。

ただ、この大きな挑戦でさえも、しばらくするうちに自分にとっては不十分に思えてきた。ロボットはやはりロボットで、機械の部品とコンピュータでできている。ゆえに、生体とはかけ離れた根本的な違いがあるのである。この違いを克服できるかもしれないと思

って取り組み始めたのが、大阪大学の生命機能研究科の柳田敏雄氏と行っている、「生体ゆらぎ」の研究である。

「生体と機械のもっとも大きな違いは、ノイズ（ゆらぎ）を利用することにある」

というのが柳田氏の基本的なアイデアである。私の役目は、その生体の原理に基づき、より人間らしく、より生物らしいロボットを開発することである。

ここまで述べてきたような「より人間に近いロボット」をめざす一連の研究の一方で、そこで得られたアイデアや技術は、汎用性のより高い「日常生活において人にサービスを提供するロボット」に利用していかなければならない。そこで、アンドロイドや生体模倣型ロボットの研究開発と並行して、ロボビーを使って、

「ロボットは人間社会に参加できるか？」

という基本問題についての実証実験も繰り返してきた。

しかし、そのうちに、そのような実証実験やロボットの開発方法にも疑問が出てきた。

いくらロボットを作っても、本当の意味で人間らしくならないのである。

そこで取り組んだのが、「青年団」を主宰する劇作家平田オリザ氏や（株）イーガーの黒木一成氏との「ロボット演劇」のプロジェクトである（二〇〇八年に初上演）。

それまでのロボットの研究開発では、可能な限りの基本機能や自動化機能をロボットに実装してきた。しかし、ロボット演劇ではこの発想を百八十度変える。場面と脚本を特化して、徹底してロボットの動きを限定し、作り込むのである。その結果、このロボット演劇を観た人々は、皆一様に、「ロボットに心を感じた」と言ってくれた。

「ロボットは心を持てるか？」

というのが、このロボット演劇における基本問題であった。

この問題に続く次の基本問題も、頭に浮かびはじめている。最近は特に心の問題と深く関わる「情動」の重要性を痛感しているところである。

以上述べてきたように、「人間を理解する」という非常に単純な目的のもとに、一つ一つ基本問題を発見しては、その問題を象徴するロボットを作ってきたというのが、私のこれまでの研究の流れである。

むろん、個々の基本問題が解けたわけではない。ある程度の成果をあげながらも、未解決のままに次の基本問題に取り組んでいる。そのため、研究グループの規模や数も年を追うごとに大きくなり、いまでは関係者は九〇名近くにのぼる。

このような研究の方法が正しいのかどうかは、定かでない。しかしながら、私自身は幸せな研究生活を送らせてもらっていると思っている。


「人間の生きる意味は〈人間とは何か〉を考えることにある」


といつしか考えるようになったが、その疑問に対して、やみくもにではあるが取り組めていると思える。

次章からは、本章で駆け足で紹介した個々のロボットの研究を具体的に述べながら、「そこでの基本問題にどのように取り組んできたか」「それがいかなる人間理解をもたらしたか」「開発したロボットが自分にとってどのような〈心の鏡〉になっているか」について述べていきたい。

第３章　子供と女性のアンドロイド

——人間らしい見かけと仕草

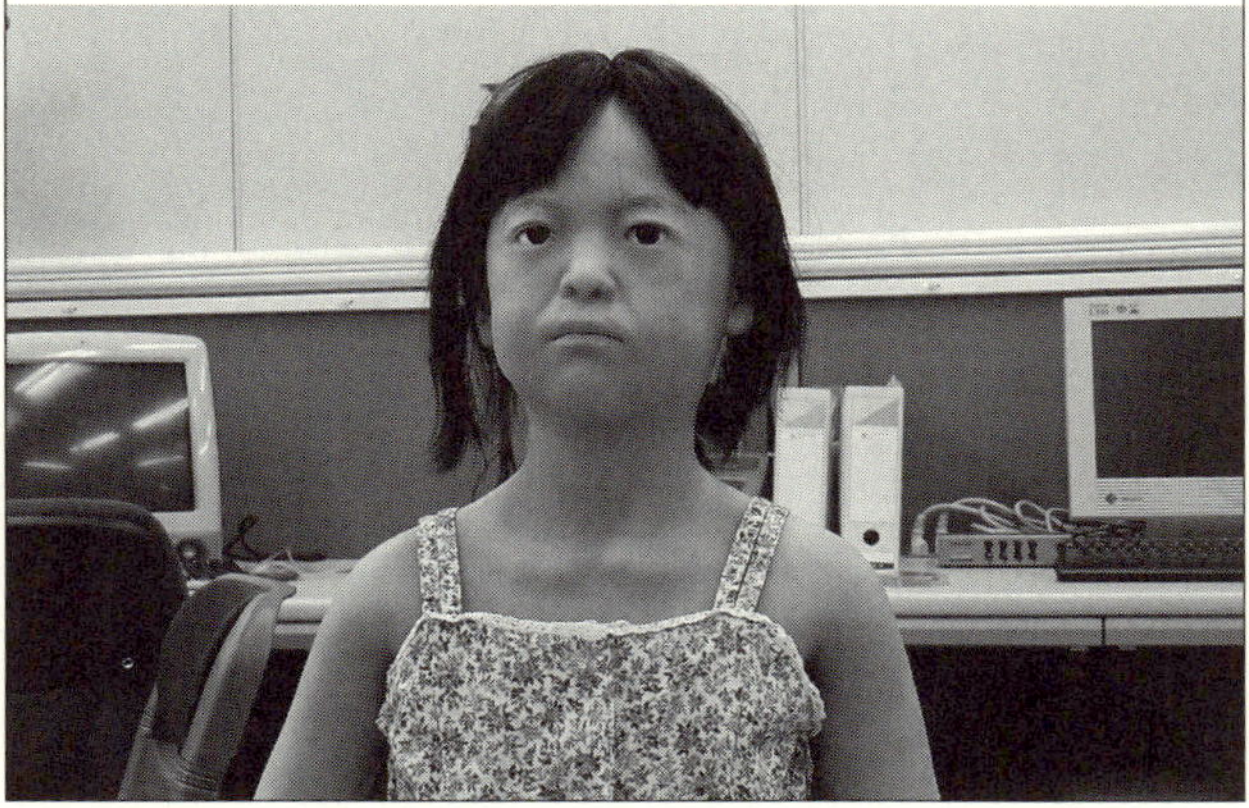

私の娘をモデルにした子供アンドロイド「リプリーR1」

自分の娘のアンドロイド

この章では、子供アンドロイドと女性アンドロイドの開発について述べたい。まずは、前章で触れた女性アンドロイド「リプリーQ2」の前に開発した、子供アンドロイドの話から始めよう。

日常活動型ロボットの「ロボビー」とその見かけを比較するために、私は、二〇〇一年、自分の娘がちょうどロボビーと同じ背丈になった四歳のときに、娘のアンドロイドを作った。それが「リプリーR1」である。

当初は十分な研究費がなく、まだ世の中にないロボットを作るということで試行錯誤を繰り返した。前ページ章扉の写真は開発したアンドロイドだが、ここにいたる過程では、読者にはとても見せられないようなアンドロイドも試作している。

とにかく悩んだのは、人間らしい皮膚を持ち、同時にある程度人間と同じように動くロボットを作るということである。皮膚はシリコンで作ればいいということは、いろいろ調べて分かっていたが、シリコンは重く、内部に機械を埋め込んでもなかなかちゃんと動かない。最終的には、博物館の人型の展示物を作っていたロボット製造メーカー（株）ココロに試作を依頼して、完成させることができた。

研究予算が足りなかったため、この子供アンドロイドには十分な数のアクチュエータを買うことができず、そのため頭部だけ動くようにした。アクチュエータとは、効果器と訳されるもので、たとえてみれば、人間でいえば筋肉、ロボットでいえばモータなど、体を動かす装置全般を指す。

まぶたを閉じたり、目を動かしたり、うなずいたりすることはできるが、それ以外の体を使った動作はできない。しかし、見かけは、型をとって製作したために、本人と寸分違《たが》わないものになった。遠目に見れば、自分の娘にしか見えない。

娘のにおいが

この人間らしい見かけには、自分でも大きな驚きを覚えた。さらに、後ろからアンドロイドを抱きかかえようとして、その頰に顔を近づけると、娘のにおいがしたのである。

「人間らしい姿形は、においまで再現する」

ということである。このとき感じたのは、人間らしい姿形というのは、単なる表面的な人間らしさ以外に脳に強烈に訴えるものがあるということだ。

見かけの人間らしさがにおいまで再現する、その理由を、私自身は次のように考えている。人間は、視覚、聴覚、嗅覚《きゅうかく》など、多くの感覚を使って人間を認識している。このとき一つの感覚が十分に刺激されれば、他の感覚も刺激を受けたように感じるのである。

人間の脳と感覚は常に密に連絡を取り合っているわけではない。もしそうなら、頭の中はたくさんの感覚器からの情報であふれかえってしまう。人間は必要なときにだけ、特定の感覚に注意を向け、そこから情報を得る。それ以外の場合は、おそらくそうであろうという予測のもとに行動しているのである。いったん人間らしいと思えば、おそらく他の感覚器も人間として反応するだろうという予測のもとに、体全体の感覚器が制御されている。見かけから判断して、十分に人間らしいと思えば、においも人間らしいと体が勝手に解釈し、においを再現するのである。むろん逆もある。いったん人間と違うと判断すれば、他の感覚も同様に人間ではないと反応するのであろう。

この、子供アンドロイドに頰を近づけると（非常に近いところで見ると）においがするという経験は、モデルの父親の私だけのものではなかった。このアンドロイドに接したほとんどの人が同じ感想を述べた。

ただ、私との違いは、私自身はあまりその感覚に驚かなかったことである。むしろ、においまで再現されて、何か安心感のようなものが生まれた。子供アンドロイドのモデルが他人の子供であったなら、その人間らしさに単純に驚いただけだろう。しかし、自分の子

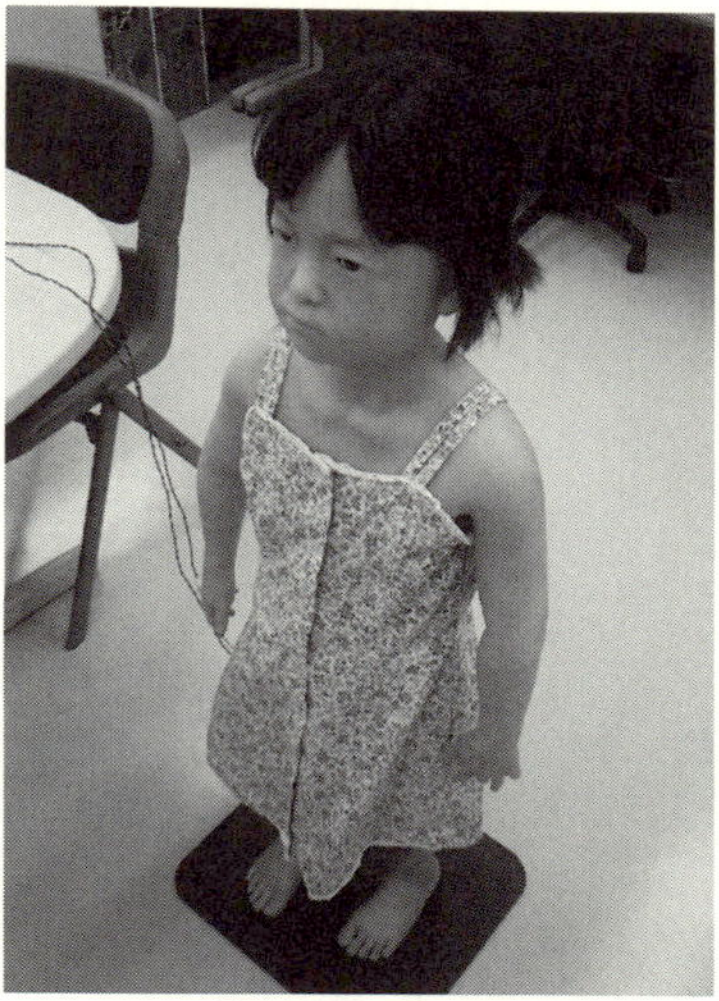

アンドロイドの開発当時、娘は４歳だった

供となると、普段から親子の間にある無意識のつながりのようなものまで再現される。

単に人間らしい見かけを持つロボットを作っただけなのに、

「いかに人間が人間らしい見かけに敏感であるか」

ということを痛感させられた。これほどまでに人間は人間らしい見かけに敏感なのに、私を含めロボットの研究者は、なぜその見かけの問題を無視してきたのだろうか？

不気味の谷

子供アンドロイドでは、見かけの完成度は非常に高かった。しかし、先に述べたようにアクチュエータは頭部にしか埋め込まなかった。それゆえに、こっくり、こっくりとうたた寝をするような動作は非常に自然に再現できたものの、うなずくというような動作をとると体まで震えてしまい、非常に不気味に見えた。体にはアクチュエータが仕込まれていないために、柔らかいシリコンの体は、首が動くとぶるぶる震えたのだ。

その様子はまさに、ゾンビのようであった。

これを見た娘は非常に怖がった。娘は、アンドロイドと初めて対面したとき、私が「話

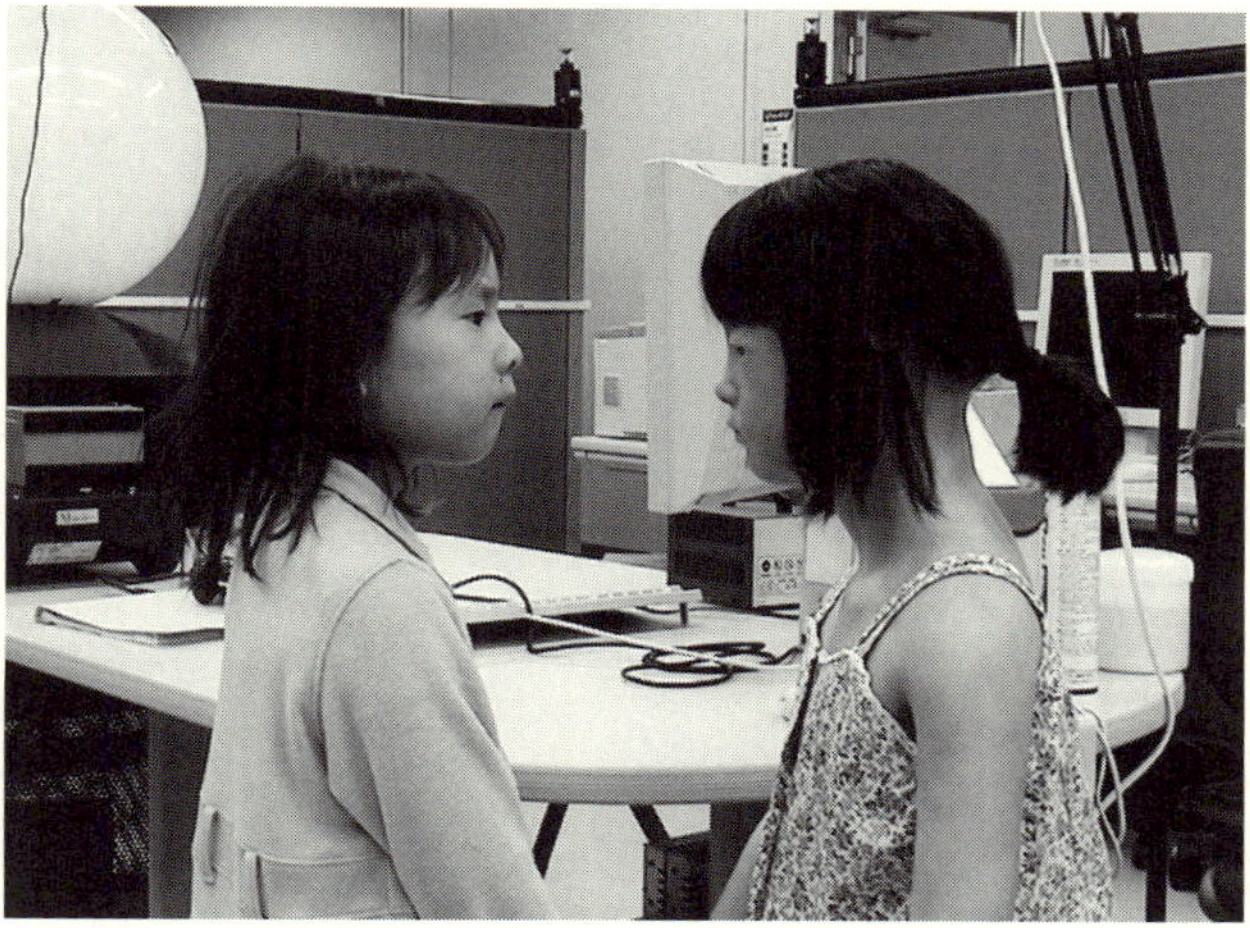
娘（左）と子供アンドロイドとの初対面

しかけたら?」「握手したら?」と言うと、嫌々話しかけたり、握手をしたりしたが、しばらくすると「疲れた」と言って、アンドロイドと関わるのを嫌がるようになった。そして、べそをかいた。あとで家に帰ってから、「もうパパの学校には行かない」と言われてしまった。

このときは、アンドロイドの製作を始めてちょうど一年たったころである。一年もたてば子供はかなり成長し、見かけも変わってくる。だから、五歳になっていた娘は、自分そっくりのものを見て怖がったのではない。娘が怖がったのは、その見かけと動きのアンバランスのせいである。

この見かけと動きのアンバランスは、森政弘氏（元東京工業大学）が指摘した「不気味の谷」という現象に起因するものである。

次ページの図を見ていただきたい。横軸に、簡単なロボットから複雑なロボット、さらには人間に非常に酷似したロボットを並べる。縦軸には、それらのロボットに対する親近感を示すと、そのグラフは、ロボットが非常に人間に近づく一歩手前で、大きな谷を形成する。

ロボットが複雑になればなるほど、人間は親近感を高めていくが、ある程度人間らしくなると、突然不気味な感覚を持つのである。また、動くロボットと動かないロボットで

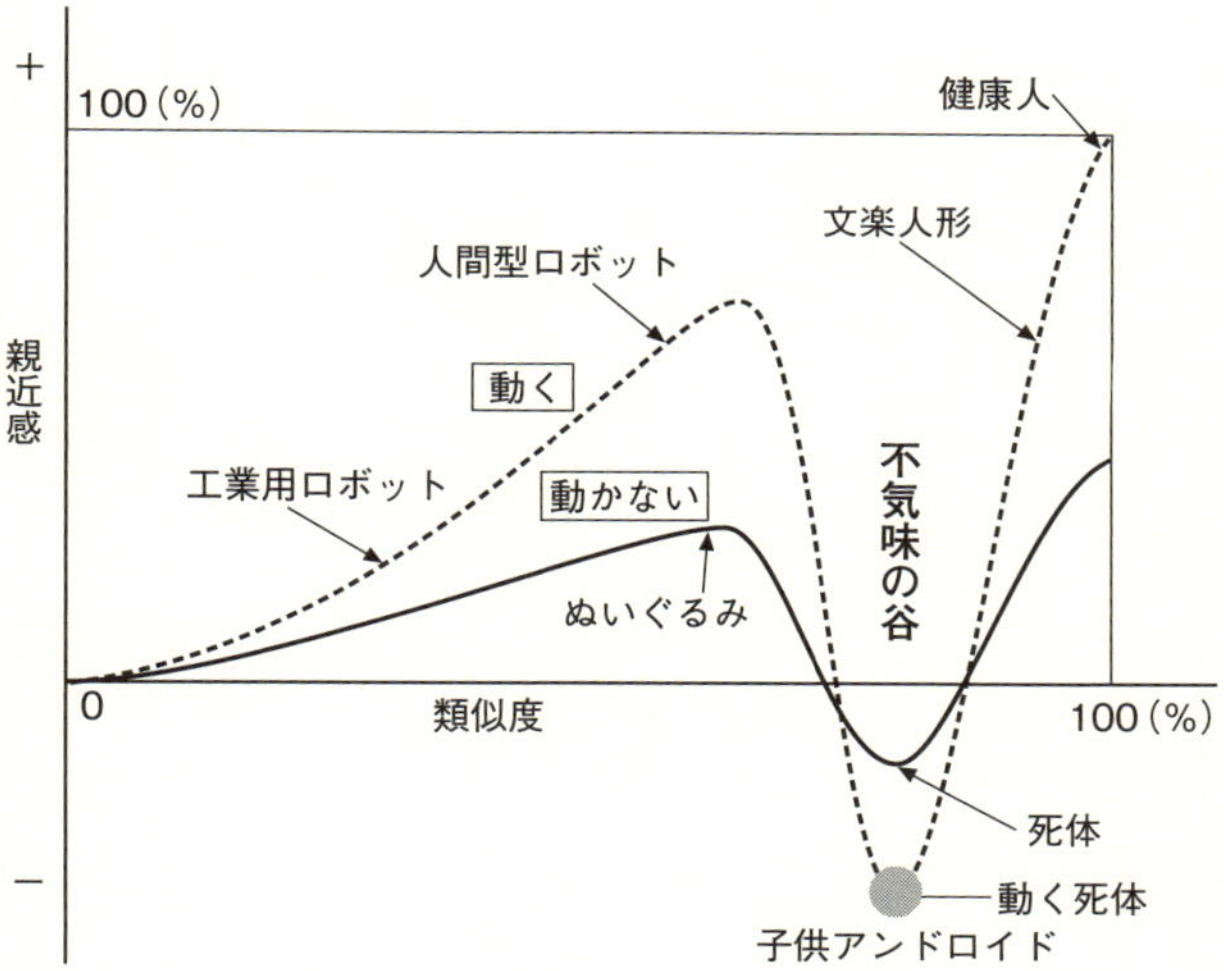

不気味の谷。横軸に簡単なロボットから人間に近いロボットを並べ、縦軸に親近感を示すと、ロボットがかなり人間に近づいたところで、グラフには大きな不気味の谷が生じる

は、その不気味さの度合いは異なり、動くロボットの方が強い不気味感をもたらす。

このグラフは、あくまで現象を感覚的に表した概念的なグラフであるが、人間が人間や物体を認識する際の、非常に重要な側面を表している。

先に、見かけとにおいの話をしたが、同様の問題がこのグラフには表されている。見かけが非常に人間らしいと、我々の脳は、人間だという前提で対象を見るようになる。ゆえに、動きも人間らしいはずだと思って見るのであるが、その動きが人間と異なる場合に、急に判断を翻《ひるがえ》すように、強烈に人間ではないという感覚に襲われる。

どうしてこのような不気味の谷が存在するかは、まだ明確になっておらず、認知科学や脳科学の研究テーマの一つになっている。

側抑制仮説

ただ私自身は、この不気味の谷は、人間の脳の非常に基本的なオペレーションに起因すると想像している。

脳はいろいろな対象を認識しているが、どの対象を認識するときにも、「側抑制」という効果が働いている。この側抑制は、たいていの脳科学の入門書に、脳のもっとも基本的なオペレーションとして記述されているものである。

エッジを認識するときの側抑制効果。白い面と黒い面の境界に現れるエッジは、側抑制効果で強調して知覚される

たとえば、人間の目にはエッジを検出する機能がある。エッジとは、白い紙と黒い紙が並べて置かれたとき、白と黒の境界線が現れるが、その境界線のことを指す（上の図）。

目は、単に白と黒の明るさの変化を見て、境界線を検出し、境界線の両側には境界線がないというバイアスのかかった見方をする。このような効果を「側抑制」と呼ぶ。

顔を認識するときも同様である。似たような顔の中から、自分の知人を捜すときに、自分の知人の特徴と少しでも違う特徴を持つ人がいれば、その顔については、必要以上に、自分の知人ではないと感じてしまう。ここでも側抑制効果が働くのである。

人の顔を認識する際に側抑制効果があるなら、人間と人間以外のものを区別するときにも側抑制効果が働くはずである。人間には敏感に反応するが、人間と少し違うもの、たとえば人間らしい姿形を持ちながらロボットのように動くものに対しては、非常にネガティブな反応を示すという側抑制効果が、想像できる。

このような側抑制効果の考え方はまだ仮説の域を出ず、共同研究を行っている脳科学者たちと取り組んでいるところであるが、私自身はそれなりに確信を持っている。

人間らしい見かけには人間らしい動きを

さて、この不気味の谷を克服するにはどうすればいいのか？

答えは簡単である。人間らしい見かけに見合う、可能な限り人間らしい動きを伴ったアンドロイドを開発すればよい。

そのようなアンドロイドとして開発したのが、前章で触れた女性アンドロイド「リプリーQ2」である。

子供アンドロイドを開発した当時、その小さい体に、人間らしい動きを再現するだけの複雑なメカニズムを埋め込むことは、予算的にも技術的にも難しかった。そこで、今度はココロ社からの協力を得て、十分な数のアクチュエータを埋め込むことができる大きな体を持つ、女性アンドロイドを開発したのである。

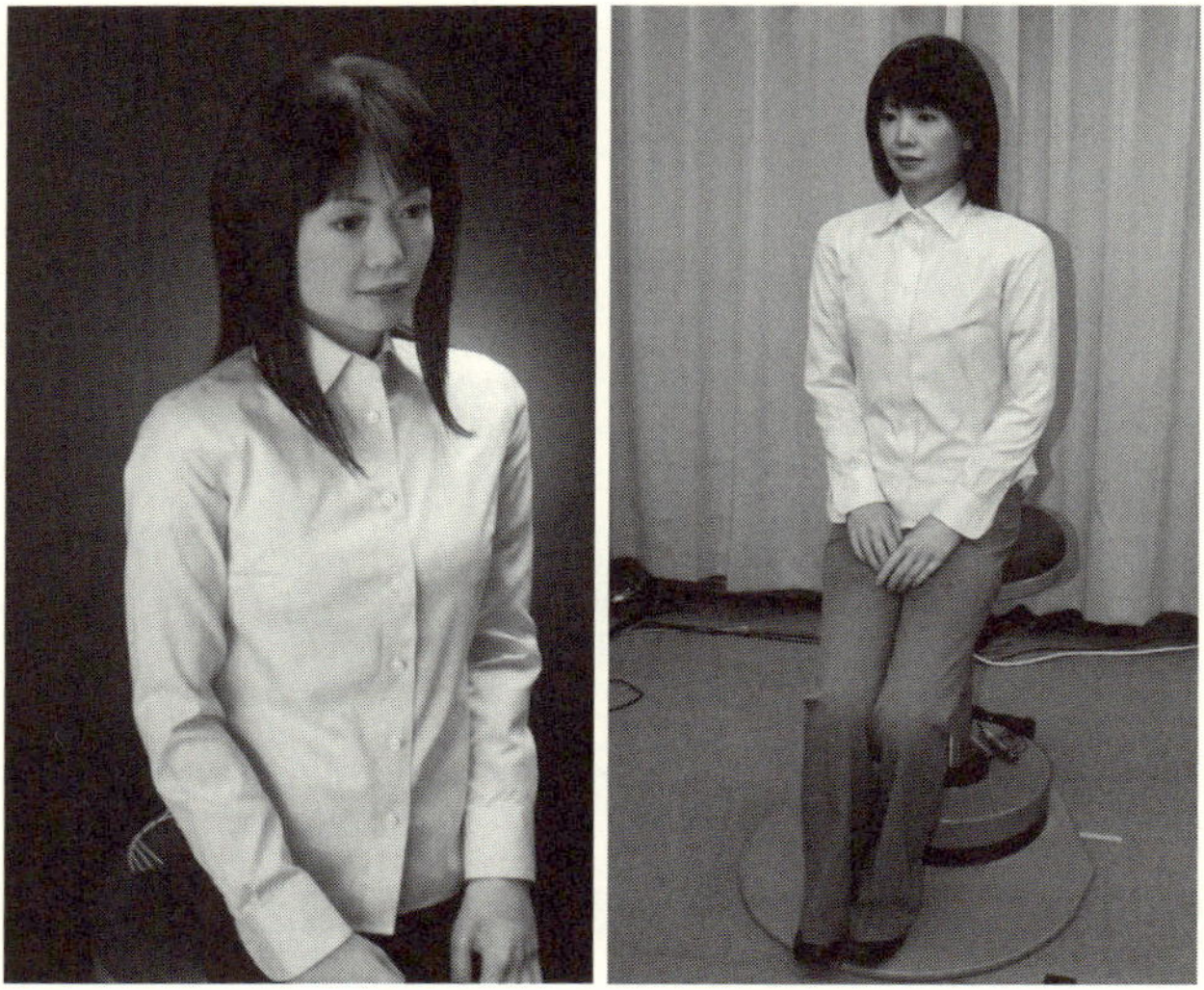

女性アンドロイド「リプリーQ2」

「このアンドロイドのモデルは誰ですか？」と、よく聞かれる。

実はこのアンドロイドはこれまでに三つの顔を持ってきた。写真のアンドロイドの顔は三つ目のものである。

最初に作った女性アンドロイドの顔には、「平均顔」と言われる顔を用いた。平均顔とは日本顔学会のホームページにも掲載されている、複数の女性の顔を合成した顔である。誰をモデルにするかを決めかねて、この顔を採用したのである。

平均顔を採用して気づいたおもしろいことは、「平均顔は美人になる」ということである。これは、解剖学者の養老孟司氏も阿川佐和子氏との対談本『男女《オスメス》の怪《かい》』（だいわ文庫）で述べているが、平均的な顔を合成して作ると、左右が対称になり、非常に整った顔になるためである。逆に言えば、美人は平均的で特徴がないとも言える。

二つ目の顔には、当時NHK大阪放送局に在籍していた藤井彩子アナウンサーの顔を使わせていただいた。二〇〇五年の愛知万博にアンドロイドを展示するという目的もあり、全国的に知られており、人から見られることにも慣れたモデルとして協力していただいた。

三つ目の（現在の）顔は、この藤井アナの顔から髪型と目の形を変更したものである。しかし、それだけでまったくの別人になった。

「目は人間のもっとも大きな特徴である」

ということなのだろう。藤井アナウンサーをよく知るNHKのディレクターは、どこをどう変えたか気づいたが、一般の人はまず気づかない。私の知り合いに、目だけの似顔絵を描く人がいるが、目だけなのに、本人によく似ている。いかに目がその人の個性を表すか、いかに我々が目に敏感であるかを痛感させられた。

ところで、読者は読んでいて「なぜアンドロイドは女性なのか?」と疑問に思われるかもしれない。これには大きな理由がある。アンドロイドを開発した後、そのアンドロイドからどのような印象を受けるかという実験を行った。実験には、子供からお年寄りまで参加していただいた。そのような場合、男性では都合が悪い。子供は男性を怖がることがあるからである。一方、女性を怖がることはない。ゆえに、アンドロイドは女性なのである。

自然な肩の動き

人間のような自然な動きを再現するために、特に工夫をしたのが肩の動きである。それまでに開発された人間型ロボットでは、肩の関節の位置は変化しなかった。しかし、人間の肩の関節は、肩胛骨《けんこうこつ》によりその位置が変わるようになっている。その肩胛骨の機構を再現するために、肩には四つのアクチュエータを埋め込んだ。これにより、息をするたび肩が上下するという人間特有の肩の動きを再現できるようになった。

ここで用いたアクチュエータは、空気圧アクチュエータ（空気で駆動されるピストン）である。空気圧アクチュエータは圧縮空気を精製するための大型のコンプレッサが必要となるが、モータとギアを用いたアクチュエータのように、アクチュエータから音がすることはない。耳をすませば、空気が抜ける音はするのであるが、きわめて静かである。

この点は、人間らしいロボットを作るうえで非常に重要である。動くたびに、体から音がしたのではまったく人間らしくなく、いくら姿形が人間らしくても、そのモータの音が強い不気味感をもたらす。見かけと音が一致しなくても、不気味の谷に落ちてしまうのである。

そのことからまた別のアイデアも生まれてきた。これは、アンドロイドではなく、いわゆるロボットらしい外見のロボットについてのアイデアだが、モータの出す音を変調して、人が聞いて心地よい音にできたらどうなるだろう？　人間が足音を立てながら歩いてくるのと同じように、ロボットがそのロボットらしい音を出しながら近づいてくるなどということが可能になるかもしれない。むろんこれはロボットらしいロボットだから許されることであるが、ロボットの音のデザインをするという発想は、これまでになかったのではないか。

話をもとに戻そう。この女性アンドロイドでは、空気圧アクチュエータは全身で四三本使用した。埋め込んだ場所は腰から上で、着座姿勢において、人間らしい振る舞いができるようになっている。また、このアンドロイドでは、ココロ社の技術者が培ってきた技術をもとに、特に表情や目の動きなどの再現にもこだわった。

空気圧アクチュエータは、いわば人間の筋肉のような性質を持っている。送り込む空気の圧力に比例した力で動く。一気に高い圧力の空気を送り込めば速く動くし、圧力の低い空気をゆっくり送り込めばゆっくり動く。ある姿勢を維持しているときも、送り込んでいる空気の圧力が高ければ、外から力を加えても姿勢を崩しにくいが、空気の圧力が低いと、外からの力で簡単に動いてしまう。人間が不意に触られると、その力を受け止めるように体を動かすのと同じである。

この空気圧アクチュエータの性質は、アンドロイドに、「触っても人間らしい」という特長をもたらした。実際に、アンドロイドを抱きかかえると、まるで本物の人間を抱きかかえているような錯覚に陥る。それは、見かけが人間らしいことに加えて、上半身が人間の筋肉のような性質を持ったアクチュエータで構成されているからである。

しかし、アンドロイドを制御するのは、当初予想したよりもはるかに難しかった。それは、空気圧アクチュエータが人間の筋肉のような性質を持っていたからである。普通のロボットであれば、腕を動かしても、他の部分は動かない。しかし、柔らかい空気圧アクチュエータは、たとえば、腕の関節を動かすと、その反応で体のさまざまな部分が揺れ動いてしまう。ゆえに、一つの関節を動かすのに、その周辺や時にはすべてのアクチュエータを制御して、揺れを止めないといけない。

加えて、シリコンの皮膚に覆《おお》われた空気圧アクチュエータで制御される腕は、たとえば「三〇度腕を曲げろ」という指令を送っても、三〇度きっちり正確に動くわけではない。摩擦や重みによって、その角度は変わってしまう。

このアンドロイドでは、ビデオや動きを精密に計測するモーションキャプチャを用いて計測した人間のモデルの動きをもとに、研究室の学生たちが、手作業で一つ一つの姿勢を作り、それらをつなぎ合わせて動作生成プログラムを作っていった。正確には覚えていないが、一分の動作を作るのに一週間はかかったと思う。

このようなことから、人間はいかに巧妙に制御されているかと驚かされる。人間の全身の筋肉は、おもなものだけでも二〇〇本あるとされている。それらの筋肉を適切に制御しているのである。

何もしていないときのかすかな動き

このようにアンドロイドの動きの生成は一筋縄ではいかないのだが、それでも学生たちはたいへんな時間をかけて、ある程度の長さとある程度のバリエーションを持つ、人間らしい動きを再現するプログラムを作ってくれた。

特にこだわったのは、何もしていないときの、無意識の体の動きである。

人間は、じっと座っているときも、目や体の動きを止めることがない。目は時折あちこちに視線を動かす、首も動く。また、呼吸に伴って胸や肩も動く。

一方、動かないアンドロイドは、蠟《ろう》人形と変わらない。

この違いは非常に重要である。なぜなら、たとえば友達と一緒に授業を受けているとしよう。そのとき、隣の友達がまったく動かなくなったら、すぐにおかしいと違和感を覚えるだろう。人間は、そのような微小な動きに非常に敏感なのである。この微小な動作を無意識的微小動作と呼ぶ。

この無意識的微小動作を生成するのに、まず、長時間座っている人をビデオで撮影するとともに、モーションキャプチャシステムを使って、目の動き、首の動き、肩の動きなど、微小に動く部分を取り出し、プログラムを作っていく。しかし、先に説明したようにこの作業は非常にたいへんである。一つ一つの空気圧アクチュエータの動きを調整するのは非常に時間がかかる。

その問題を解決する方法は、もっと人間に学ぶことである。人間も空気圧アクチュエータのような柔らかい筋肉を使いながら、自然に体を動かしているわけで、人間の脳がどのように体を動かす指令を生成しているかをヒントにすれば、効率よく人間らしい微小な動きを再現するプログラムを開発できる可能性がある。

私の研究室ではそのような人間のモデルとして、CPG（セントラルパターンジェネレータ）を応用した動作生成方法を試している。CPGとは、周期的な信号を生成するパターン生成器で、人間の動作を生成したり、制御したりするために、脳が持っている重要な機能の一つとされている。このCPGをニューラルネット（プログラムで再現された神経回路網）で構成して、それをもとに、無意識的微小動作を作ってみると、ビデオを見ながら作った動作と変わらないか、場合によっては、より人間らしく見える。ビデオやモーションキャプチャのデータをもとに人間がプログラムを作る場合、ある長さの動作を作ってそれらを組み合わせるために、注意して見ると、どこかで同じ動作を繰り返していることが分かる。しかし、CPGを使えば、そのような明らかに分かる繰り返しパターンがなくなり、より人間らしく見えるときがある。

構成論的アプローチ

ここで心に留めておくべきことは、脳科学や認知科学において、人間がCPGを使ってどのように体を動かしているかは、いまのところほとんど明らかにされていないということである。分かっている事実は、人間にはCPGという機能があるということだけである。

このCPGにさまざまなプログラムを加えてアンドロイドに実装することにより、アンドロイドが非常に人間らしい動きを持てば、逆に、

「アンドロイドを作ることを通して、人間の脳の機能が分かる」

可能性がある。アンドロイドに実装したプログラムが、脳の知られていない機能を実現している可能性があるのである。

このような「先にまずロボットやアンドロイドを作ってみて、そこから人間を知る」というアプローチを、「構成論的アプローチ」と呼ぶ。今後の脳科学や認知科学は、この構

成論的アプローチを取り込みながら、ロボット工学とより密接な関係を持っていくことになると私は考えている。その意味でも、

「ロボットやアンドロイドは人間を映し出す鏡」

なのである。

人間らしさの再現は、自然な無意識の動きにとどまるものではない。アンドロイドには、さまざまなセンサが取り付けてあるが、そのセンサに自然に反応する動作を実現することで、より人間らしくなる。

たとえば、音に反応する動作や、触れられたときに反応する動作である。

そこで、このアンドロイドには、肩を叩かれると振り向いて「何するんですか?」と反応する動作を実装した(プログラムを備えつけた)。この動作を作った当初は、ドキッとするぐらい人間らしく感じた。しかし、アンドロイドは何度肩を叩いても同じように「何するんですか?」と言うので、だんだん変な気分になってくる。普通、しつこく肩を叩かれれば、そのうち怒り出すのが人間である。

問題は、そのような怒りを作り出す感情の機能がアンドロイドにはないことである。と

はいうものの、認知科学の研究でも、人間が感情をどのように作り出し、どのように精神状態を制御しているかは明らかにされていない。そこでこの問題にも、構成論的アプローチが使える。

これまでに明らかにされている認知科学の研究をヒントにして、感情を生成し、精神状態を制御するプログラムを工学的に作り出す。そして、それをアンドロイドに実装してみる。そのアンドロイドがいろいろな人と人間らしく関わり、人が「このアンドロイドは人間らしい感情や心を持っている」と思えば、工学的に実装されたプログラムは、まさに、人間の心のモデルになっている可能性がある。すなわち、認知科学的な研究では明らかにできなかった、

「心の機能をロボットで明らかにできる可能性がある」

のである。

「あなたがいま見たのはアンドロイドか人間か？」

アンドロイドの研究で重要なのは、人間らしく見える動作が本当に人間らしいかどうか

を評価することである。その評価を通して、また新たな人間の側面が見えてくる。

女性アンドロイドを用いて行った最初の研究では、それが人間でないことに気がつくのに何秒かかるかという実験を行った。アンドロイドと観察者の間にカーテンを引いておいて、そのカーテンを一秒、二秒という短い時間だけ開いて閉じる。観察者にはあらかじめ、「服の色を答えてください」という質問をしておいて、短い時間アンドロイドを観察した後に観察者が答えると、今度は「いまのは人間でしたか?」と尋ねる。

この実験で、まったく動かないアンドロイドを二秒間見た観察者の七割は、「人間ではなかった」と答えた。一方、人間らしい無意識的微小動作を伴うアンドロイドを二秒間見た観察者の七割は「人間だった」と答えた。すなわち、二秒であれば、現段階でのアンドロイドは人間と認識される。たとえば、会社の受付に座っているだけなら、通り過ぎる人は、それが人間だと普通に思う可能性がある。

むろん、この二秒という時間が五秒、一分と長くなれば、全員、それが人間でないことに気がつく。そこで疑問となるのは、「アンドロイドが人間でないと気がついたとしても、本当に人間でない、ただのロボットだと思っているだろうか?」ということである。

この疑問を確かめるために、もう少し長く時間をとってアンドロイドとの対面実験を行ってみた。

この実験では、アンドロイドと向かい合って被験者（実験に参加する人のことをこのように呼ぶ）に座ってもらい、アンドロイドが約五分間、いくつか短い質問をする。このときアンドロイドはあらかじめ録音された人間の声で話をするので、その声や話し言葉は人間とまったく同じである。

このときの被験者の目の動きを、アンドロイドを本物の人間やロボット（ワカマル）と置き換えた場合と比べてみた。

人間の目は物を見るために動くが、それ以外にも、相手を社会的な関係にあるものと認識しているときも動く。たとえば、人と話しているときに、たいていはその人の目を見るが、じっと見続ける人はいない。しばらく目を見たら、必ず少し目をそらして、また目を見る。しかし、物を見るときに、あえて目をそらすようなことはしない。この目をそらすという動作が出てくるのは、相手が人間で、互いに社会的な関係があるときだと言われている。

そこで、人間、アンドロイド、ロボットの三つの対象に対する被験者の目の動きを比べてみたところ、見る対象が人間の場合とアンドロイドの場合は非常によく一致した。一方ロボットの場合はまったく異なる目の動きをすることが分かった。すなわち、被験者にとって、人間とアンドロイドは同じような対象なのである。

アンドロイドを初めて見た人は、たとえそれが人間でないと分かっていても、平気で触ることができない。触ることにすごく躊躇《ちゅうちょ》する。一方ロボットには、たいていの人が平気で触る。そのような違いがこの実験にも出ている。アンドロイドに対しては、それが人間でないと分かっても、無意識に人間らしさを感じているのである。

これらの実験の結果から、私は次のような人間の脳の仕組みを想像している。

人間の脳には、人間を認識するいろいろな感覚情報がたえず送られてくるのであるが、送られてきているとちゃんと意識できるのは、そのうちのごく一部である。たとえば「においがするか？」と思ってにおいに意識を集中すれば、その瞬間、においをはっきり意識できる。動きに注意をはらえば、動きをはっきり意識できる。そのように、はっきり意識している感覚においては、感覚を研ぎ澄ませて、詳細な観察ができる。

ゆえに、注意して動きをよく見れば、人間ではないということに気づくのである。一方で注意が向けられていない場合は、「何となく人間らしい」という認識結果（情報）をたえず脳が送り続ける。

ここまでの話をまとめてみよう。人間に酷似したアンドロイドを見たとき、意識すれば、それが人間ではないことにすぐに（少なくとも二秒以上観察すれば）気がつくが、意識しなければ、常に人間であると認識する可能性がある。この可能性が、人間らしいアンドロイドと、ただのロボットとの大きな違いである。

「無意識には人間として認識されるのがアンドロイドである」

このようにアンドロイドを用いれば、人間の性質を調べるさまざまな認知実験ができる。アンドロイドは、人間理解のための新しいツールになりうる。

ロボットに視覚や聴覚をどう備えつけるか？

アンドロイドには、見かけや動きだけでなく、人間らしい感覚が必要となる。

アンドロイドの感覚＝センサ開発の中でも、最初から数年間かけて取り組んできたのが、専用の新しい皮膚センサの開発である。従来の皮膚センサとシリコンとピエゾというセンサの一種を用いて開発した、人間のように柔らかく敏感なセンサである。

この皮膚センサはもちろん、アンドロイドの体に取り付ける。しかし、その他の視覚や聴覚のセンサについては、アンドロイドの体に取り付けることはできない。それは、アンドロイドが人間と同じ脳を持たないからである。

人間は高度な脳の機能により、たった二つの目から得られる情報で、環境を認識し、さまざまなことができる。しかし、この高度な脳の機能を現段階のコンピュータで実現することは不可能である。

そこで私がとったアプローチは、いわば「昆虫型のアプローチ」である。昆虫の脳は人間ほど高度ではない。そのかわり、個々の昆虫がそれぞれ単純な役割を持ちながら、多数の個体からなる集団を形成して、結果として非常に複雑なことができるようになっている。

このアプローチは、視覚や聴覚に応用できる。アンドロイドの目に二つのカメラを埋め込むのではなく、環境内に多数のカメラを埋め込み、それら多数のカメラから必要となる情報だけを取り込めばよい。

たとえば、その部屋に人が何人いるかを調べるという課題を考えてみよう。アンドロイドの目にカメラが埋め込まれている場合、アンドロイドは首や体を巧妙に動かし、歩く人を目で追いかけ、いったん観察したことを記憶しながら、人数を数える必要がある。これは現段階ではロボットにとって不可能ともいえる難しい作業である。しかし、カメラを環境内に多数設置しておけば、それらのカメラすべてを使って瞬時に人の数を数えることができる。

近年、ユビキタスという言葉がよく聞かれるようになった。「ユビキタス」とはもともとは「どこにでも存在する」という意味のラテン語起源の英語で、あらゆるものにマイクロチップを入れ、その環境の「状況」を認識するというコンピュータ技術である。具体的には、あちこちにセンサやICタグが埋め込まれてあり、それらからの情報を携帯電話等で受け取ることでさまざまな情報を得ることができるようになっている。未来のロボット社会では、感覚はこのようなユビキタス環境として環境に埋め込まれ、ロボットには人と関わる機能だけが実装されると、私は想像している。

人間らしさを追求するアンドロイドサイエンス

この章で紹介した子供アンドロイドと女性アンドロイドの研究において、もっとも重要な点は、ロボットを作るというロボット工学と、人間を理解するという認知科学や脳科学が、融合している点である。

人間らしいロボットを作るには、認知科学や脳科学の知見が必要不可欠である。少しでもそこにヒントがあれば、それをもとに、ロボットを作っていく。しかし、認知科学や脳科学の研究は、人間全体を説明するものではなく、人間のごく限られた機能に焦点を絞って、その機能を明らかにしようとしている。ゆえに、ロボットを作るには、認知科学や脳科学の知見をヒントにしながらも、足りない部分を、ロボット工学者の直感や、これまでシステムを作ってきた経験をもとに、補う必要がある。

そして、そうやって作られたロボットが、人間が親しみを持って関われるものであれば、ロボット工学者の直感や経験は、認知科学や脳科学の知見をつなぎ合わせる新たな仮説となる。その仮説をもとに、再び、認知科学や脳科学者は、人間の機能を確かめることができる。認知科学や脳科学がめざすのは、分子や細胞のレベルから人間の仕組みを積み上げて研究することだけではない。常に仮説をもとに、機能の存在を確かめてきている。たとえば、記憶の機能が脳のある場所にあると仮説を立てたなら、いろいろな刺激を与えながら、その場所がどのように反応するかを調べるのである。

このように、ロボット工学と認知科学や脳科学が融合した研究枠組みを、私は、「アンドロイドサイエンス」と名付けている。アンドロイドという工学の言葉とサイエンスがつながった妙な響きの言葉であるが、

「ロボット研究においては工学と科学の境界はない」

というメッセージを込めている。ロボットは、認知科学や脳科学においても、人間を映し出す鏡になりうるのである。

第４章　自分のアンドロイドを作る

――〈人間らしい存在〉とは

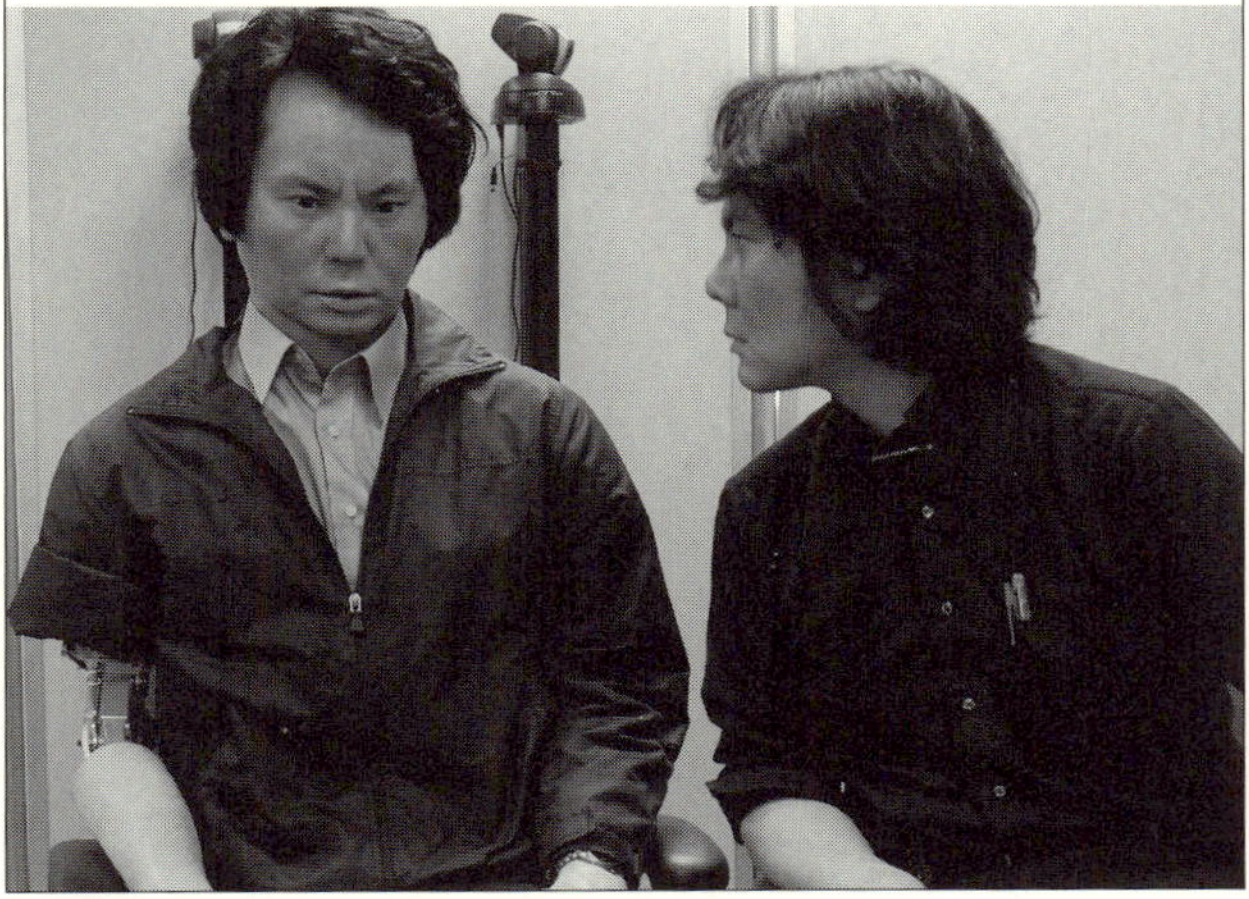

遠隔操作型アンドロイド「ジェミノイド」（左）と私

対話するロボット

前章で述べた女性アンドロイドができる対話は、実は非常に限られたものであった。先に述べたように、二〇〇五年、愛知万博で展示されたときは、訪問者を認識して、挨拶《あいさつ》をし、簡単に会場の案内をするという程度のものであった。多くの観客を集め、「もっと長く対話したい」という感想もいただいた。しかしながら、それは不可能である。コンピュータと人間の脳とはまだかけ離れている。

もし、人間と長く自由に話ができるロボットがあるとすれば、それは、限りなく人間に近いロボットだ。たとえば、メールのやりとりでなら「相手が人間かロボットか区別がつかない」ということも起こりうるかもしれない。人間のさまざまな対話パターンをコンピュータに記憶させておき、相手が分からないことを話したときには、曖昧《あいまい》な返事を返すというような工夫を積み重ねれば、かなり長時間対話が成り立つ。実際に、そのようなプログラムを競うコンテストが毎年開催されている。

しかし、実際に対話するロボットの場合は、そう簡単にはいかない。言語情報だけでなく、表情や体の動きなどすべてを含めて人間らしくある必要がある。

何よりも難しいのが音声認識である。

現在の音声認識の技術では、単語や文が明瞭に切り出せ、マイクロフォンが口の近くにあるという条件下で、初めて高い成功率が得られる。しかし、人間の話し言葉における単語や文の切れ目はきわめて曖昧である。実際に市販されているような音声認識のプログラムを使って試してみると、五〇パーセント程度しかうまくいかない。

また、マイクロフォンが口の近くにないと、関係のないさまざまな音がマイクにはいってくる。ロボットから二メートル程度の距離で複数の人が話している状況では、全員の声がマイクロフォンにはいってきてしまい、いったいどれが認識したい人の声なのか分からない。エアコンの風の音や電話の音といった、その環境内のさまざまな雑音もマイクロフォンにはいってしまう。

遠隔操作型のアンドロイド

しかし、私は、なんとかこの問題を解決して、人と長く対話できるアンドロイドが作れないかと考えた。そうして思いついたのが、「遠隔操作型のアンドロイド」であった。

ロボットには、「自律型ロボット」と「遠隔操作型ロボット」がある。自律型ロボットとは、搭載されたセンサで環境を認識し、自らがその結果を解釈して、自律的に行動するロボットである。一方、遠隔操作型ロボットとは、無線やインターネットを通して、ロボットのセンサの情報を操作者が受け取り、操作者がその情報を解釈し、次にロボットは何をすべきかを考え、再び無線やインターネットを介して指令を送るという、操り人形のようなロボットである。

「本来、自律型ロボットの研究に携わってきた者が、ロボットをリモコンで動かすような遠隔操作の機能を取り入れていいのか？」という点については、何か研究の大きな目的をあきらめたような感じがして、むろん抵抗を感じた。人間のように自律的に認識し、行動するロボットを作りたいというのが、もともとのモチベーションであったからだ。

しかし、一方で冷静に人間について考えると、

「本当に人間は自律しているのか？」

という思いもあった。我々人間は、幼い頃からまわりからいろいろなことを教えられ、それをもとに行動している。特に言葉については、教えられた以外の言葉を話すことができない。

間接的に、まわりから教えられただけのものを、脳がまるでICレコーダーのように再現しているにすぎないのかもしれない。身振りや手振りについても同じだ。テレビで見た人の仕草がかっこいいと思ってそれをまねする。いつしかそれが、私の癖になり、私の個

性にもなる。むろん、小さい頃から蓄えられてきた多くの情報を整理して、自分の考えや個性を築き上げるという能力はあるだろう。しかし、そのもとになるものは、まわりから与えられているのである。

そう考えれば、遠隔操作型アンドロイドを作ることは、研究の方向性としてはそれほど間違ってはいない気がしてくる。最初はすべて遠隔操作で動いていても、そういった経験を蓄えて、徐々に自律的に動くロボットにしていくという、ロボットの開発方法もあるはずである。

自分がモデルになった理由

そういったことをあれこれ考え、思い悩みながら、結局は、遠隔操作型アンドロイドの「ジェミノイド」を開発することを決意した。

アンドロイドを開発するには、モデルとなる人間が必要である。ジェミノイドの開発においても、モデルが必要となったが、そのモデルには自らを選んだ。これまでに紹介したアンドロイドの場合と同様に、「どうして自分がモデルになるのか?」という問いにも、自分としてはいくつもの理由があった。

まず、最初に考えたことは、子供と女性のアンドロイドを作ったのだから、次は男性のアンドロイドを作っておくべきということである。

女性のアンドロイドは多くのメディアで取り上げてもらい、それなりに有名になった。しかし同時に、研究を理解しない人たちからは、何か作ってはいけないものを作っているように言われることもあった。ダッチワイフを作っていると言う研究者もいた。自分はまったく純粋に研究目的で作っているものであっても、写真や映像だけを見せれば、そういう誤解も生まれてくる。

近年、研究においては、一般の評価も重要となってきている。悪い風評を得ることは、できるだけ避けなければならない。ゆえに、女性のアンドロイドだけを作っているのではないということを見せるのは、それなりに意味がある。

二つ目の理由は、大きい体が必要だったということである。女性アンドロイドの問題は、身長はそれなりにあるが、腕が細く、体も小さいために、十分な性能を持ったアクチュエータが埋め込めないことにあった。そのため、腕の大きな動きはどうしてもぎこちなくなる。その問題を現在の技術で解決するには、大きなアクチュエータを使うしかなく、大きな体や太い腕が必要だった。私の腕は男性にしてはそれほど太くはないが、それでも、スタイルのいい藤井アナウンサー（女性アンドロイドのモデル）に比べれば十分に太い。

三つ目の理由は、私自身がモデルになれば、いつでも比較実験ができることである。これまでに開発したアンドロイドでも、アンドロイドとそのモデルを比べるような研究をしてきたが、そのためには、アンドロイドのモデルにわざわざ大学に来てもらう必要があった。私自身がアンドロイドになれば、私の時間が許す限り、いつでも実験ができる。

四つ目の理由は、私自身にとってもっとも興味深い理由である。それは「自分がアンドロイドになったら、どのような感覚を持つか」を体験できることである。

子供アンドロイドを作ったとき、モデルとなった私の娘は、見て驚いたと思う。女性アンドロイドを作ったときも、藤井さんは自分のアンドロイドを見て非常に驚いていた。

しかしながら、彼女たちが驚く理由の詳細は明らかではない。おそらく「なぜ驚いたのか」と聞かれても、娘はむろんのこと、藤井アナウンサーでも的確に説明することは難しいと思う。しかし、私自身が経験すればどうだろう。たとえそれが言葉では言い表せない驚きであったとしても、研究に多くの直感をもたらす可能性がある。研究者としての私の役割の一つは、言葉に表せないような問題を、論文として表現するということでもある。ゆえに、自分自身がアンドロイドのモデルになると決断したときから、ずっとときめきのようなものを感じていた。

最後の理由は、これは作る前にはそれほど真剣に意識していたことではないが、私のアンドロイドを作れば、かわりに授業や講義をしてくれるのではないかという期待である。

これについては、第5章で詳しく述べることにしよう。

自分の脳を見て感じたこと

以上のような理由から、自分のアンドロイドを作りはじめたのであるが、それまでのアンドロイド開発ではやらなかったことの一つとして、MRI画像を撮影することにした。これは、頭蓋骨の形を推定して正確に頭部を再現することが目的だったが、私自身にとっては別の意味で興味深い経験だった。

MRIは脳の断層写真を撮る装置であるが、それまで私は一度も撮影したことがなかった。円筒形の大きな装置の中に頭を入れて、しばらく横たわった姿勢でいると、頭の断層写真がコンピュータから出てくる。頭蓋骨だけでなく、脳や眼球の形もくっきり写し出されてくるのである。その画像を見たとき、それが自分の脳の写真だと言われても、まったくピンと来なかった。正直他人の脳の写真と入れ替えられていても、まったく区別はつかないと思う。そのことに、少々ショックを受けた。

「自分の体だと言われても、まったく自分の体に思えない」

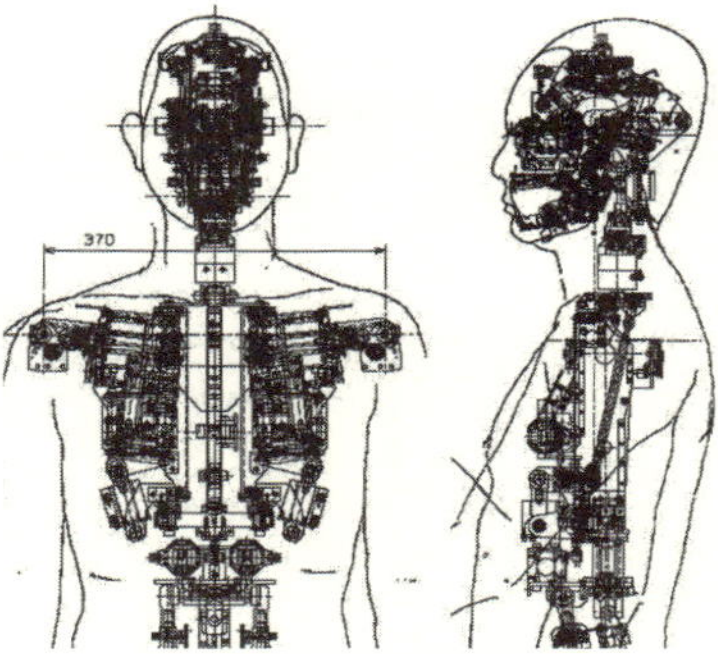

ジェミノイドの設計図

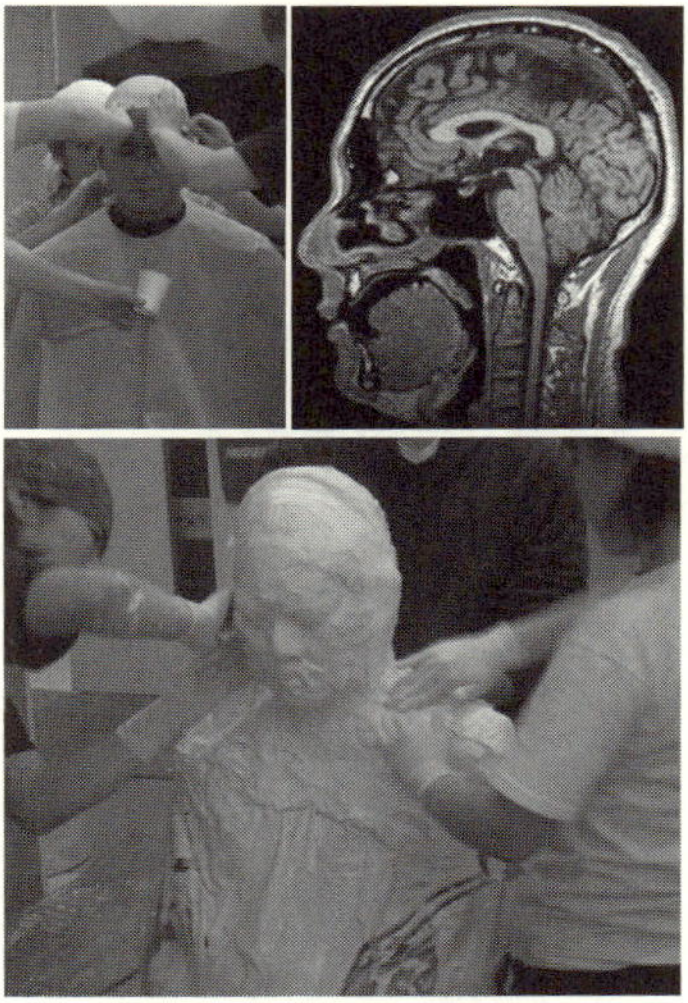

（上の2点）MRIの撮影前と実際の画像
（下）石膏型を取られている私

これは脳だけでなく、他の臓器、たとえば胃の写真であっても同じだろう。表面的な姿形は鏡で毎日見ているので、自分かどうかは判断できる。しかし、脳や内臓の写真は、自分のものだと言われても、ただそれを信じるしかない。鏡のように、そのままの自分の姿が映し出されるのならまだしも、コンピュータで画像処理されたMRIの画像をさして「これがあなたの脳だ」と言われても、「本当だろうか?」と思ってしまう。すなわち、

「人間は自分でさえも表面的にしか認識していない」

のである。体の中身はそれが何に入れ替わっていても、気がつかない可能性がある。

私は一日一二時間、パソコンと過ごしているので、自分の脳の断層写真を見たとき、少々突飛だが「自分の頭の中にコンピュータが入っていなくてよかった」と安心した。むろん、MRIのオペレータが気をつかって、適当に他の人の脳の画像と置き換えてくれた、という可能性はゼロではないが。

全身を石膏《せっこう》で覆われる

自分自身のアンドロイドを作っていて感じたのは、それがいかにたいへんな作業かとい

うことだった。アンドロイドの製作にあたっては、頭部や手などの型を、歯医者が歯型を取る素材と石膏を使って取る。この過程は、皮膚の細かい模様まで再現するために重要である。

人間の体は柔らかい皮膚で覆われているため、厳密に言えば形がたえず変化している。ゆえに、ときには、全体的な形よりもパーツごとの細かな特徴などが重要になったりする。たとえば、人が人を認識するときに、目の形やほくろの位置などを頼りにするのと同じだ。ある人を見分ける際に、全体的な形を正確にとらえて認識していることの方が少ないのではないか。

この問題も深く考え出せばいろいろとおもしろい。その人らしさや人間らしさとは、人間の体のどこがもっとも大きな影響を与えているのだろうか？

私の意見としては、もっとも重要なのは目である。次に口、そして肌である。丸顔や四角い顔というような顔全体の形状は重要であるが、それらはダイエットしたりすれば変化する可能性がある。その人を特徴づけているのは、全体的な形ではなく、むしろ、目や口や肌というような部分的な特徴であると思われる。

話をもとに戻そう。その型を取る作業がかなり重労働であることに、自分がアンドロイドのモデルになって初めて気がついた。娘や藤井アナウンサーにモデルになってもらったときも二人ともたいへんそうだったが、どうしてそんなにたいへんなのか、初めて理解できた。

何がたいへんかというと、たとえば、歯医者が使う歯型を取る素材は冷たい。冷たいまま固まっていく。一方で、石膏は、熱を発生しながら固まるので、けっこう熱い。最初に、歯医者が使う素材を顔にかける。そして、それがたれないうちに、ガーゼと石膏を交互に当てて、固定していく。最初は冷たいのだけれど、急に熱くなっていくのである。この作業は目を閉じたまま進行していく。真っ暗な中で、頭が部分的に冷たくなったり熱くなったりする。これは非常に気持ちが悪い。

作業の終盤にさしかかると、鼻の穴だけを残して頭全体が覆われてしまう。その状態では呼吸は鼻でしかできない。口は完全にふさがれてしまうのである。また、全体が石膏で固まっているために、顔の筋肉は一切動かすことができず、体も動かすことができない。その状態で二〇分ほどじっと我慢をしないといけないのであるが、二〇分の間には、つばも出てきて、つばを飲み込みたくなる。このときが問題なのである。つばを飲み込むときは一瞬気道がさえぎられる。その一瞬が非常に怖い。二度と気道が開《あ》かなかったらどうしようという恐怖感に襲われる。生き埋めになるというのはこういう感じなのかと思った。

ともかくも、このようにして自分の型を取り、それに、女性アンドロイドよりも多少複雑なシステムを埋め込んだ。そのおかげでこのジェミノイドは、立つことはできず座ったままであるものの、足も動くようになった。

自分のアンドロイドに対面して

自分自身のアンドロイド、ジェミノイドの完成を待ち遠しく思っていたが、ついにそれが研究所にやってきて、初めて目にしたとき、意外に驚きは少なかった。自分そっくりのものが目の前に現れたことに驚きはあったが、アンドロイドを見慣れた自分にとっては、その驚きも、比較的すぐに消え去った。

正直に言えば、自分そっくりであるとは思ったものの、期待していたような衝撃はなかった。よく「自分そっくりの人に出会うと死ぬ」などと言われるが、そんな言い伝えに象徴されるような衝撃はまったくなかった。むしろ、あえて言えば、見たくない部分まで映し出す鏡のようであった。たとえば、自分の後頭部をきちんと見たことはなかったが、眺めてみると、なるほどこうなっているのかと思った。

ところが、ジェミノイドの体に少しいたずらをすると、妙な感触をおぼえてきた。

ロボットを整備するときは、頭部を開いて中の電子回路を調整するのであるが、研究員がその頭部を開いたとき、かなり衝撃を受けた（89ページ写真参照。これは私自身ではなくジェミノイドである)。何か急に自分の体が痛めつけられている感じさえするのである。

静止しているジェミノイドはただの蠟人形と同じであるが、他人がそのジェミノイドの頭の中をあれこれいじると、それを見ているモデルの私には、痛めつけられているような感覚が生じるのである。なぜこのようなことが起こるのだろうか？

想像の域を出ないが、私は、次のように考えている。

「人は自分に対する行為を観察することで、自分を認識する」

人間は、動かないものや人と関わっていないものについては、注意が向かず、強い興味を持つこともない。だが、それが誰かによって動かされると、注意が向く。そういう動きに敏感な性質が脳の基本機能にあるのだろう。

ゆえに、ジェミノイド自体は動かなくても、その痛めつけられる様子を観察することによって、急に生命感を持つようになるのである。

自分を知らない自分

より興味深かったのは、学生がジェミノイドに私の動きをプログラムしたときだった。

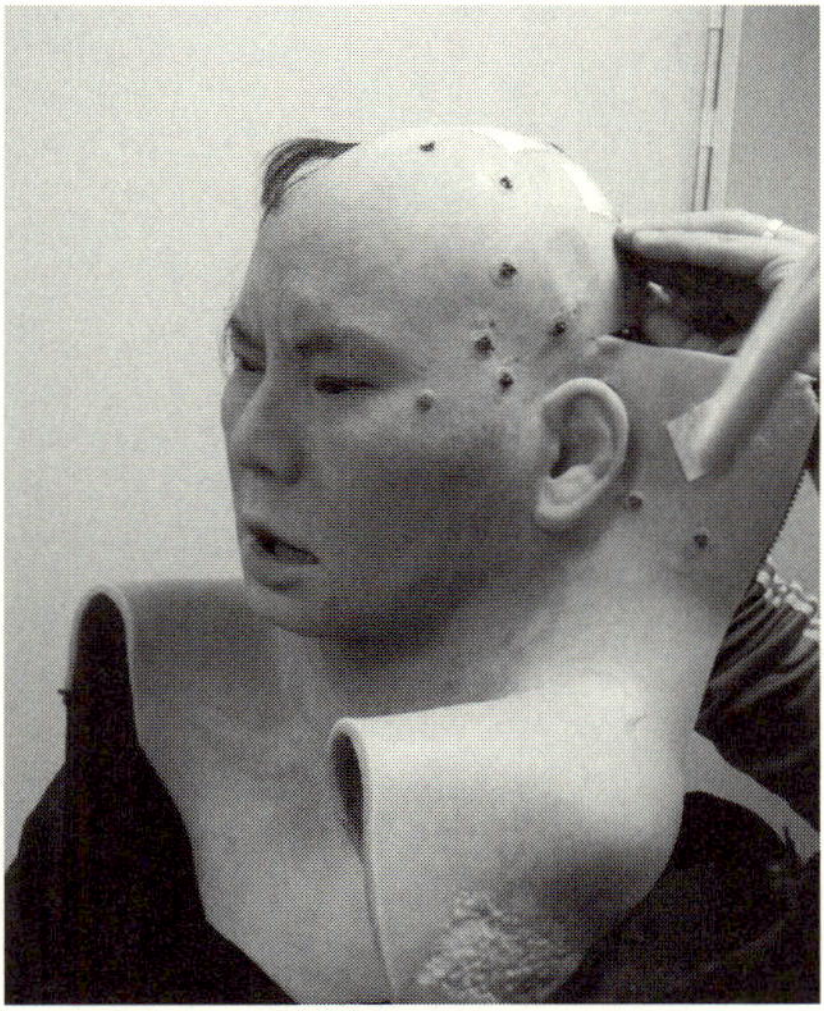

整備のために頭部を開かれたジェミノイド

普段、私自身は学生から、どちらかと言えば怖がられる存在である。いや、かなり怖がられているかもしれない。見かけのせいか、喋り方のせいかは分からないが、とにかく、学生はたいてい緊張している。動作のプログラムを担当した学生は、毎日、その怖い私の体を相手に動作を作っていくのである。

動作を作るのには、女性アンドロイドのときよりも手間がかかる。加えて、ジェミノイドは女性アンドロイドよりも複雑なメカを持っているので、時間もかかったと思う。一つの動作を作るのに一週間以上必要となる。

ある日、この動作プログラムを担当している学生と話をしていると、彼が「昨晩、先生のアンドロイドが夢の中に出てきました」と言うのである。さすがにそれを聞いたときはまずいと思い、私と接しても比較的緊張しない学生を新たにプログラム担当にすえた。

ともかくもそうして、私の座っている状態での動作プログラムが完成したのであるが、その動作を最初に見たとき、私は、これは私の動作ではないと思った。

だが、そのことを伝えると、皆は声をそろえて、「そっくりです」と言うのである。そして、実際に参考にした、私のビデオ映像をジェミノイドと並べて見せてくれた。両者は確かに一致していた。プログラム担当の学生はかなり忠実に、私の動きを再現していたのである。

私（左）とジェミノイド（右）

このことは、私にとってはかなり衝撃だった。私は私の動作をほとんど意識していなかった。知らなかったのである。

我々はどれほど自分のことを正確に認識しているのであろうか? 小さい頃、自分の声をテープレコーダーに録音して聞いてみたことがあるが、まったく自分の声に聞こえなかった。声は、自分の耳に入る声と、喋る声では伝達経路が異なるから、そんなものかと理解した気になっていたが、動作についてまで同じ感覚を持つとは思わなかった。

朝、顔を洗うときに誰しも鏡を見るだろう。しかし、自分の動作の癖まで確認する人はいない。私も同様である。自分の姿をビデオに撮影して、どんな癖を持っているか、ていねいに観察したことなどない。ただ単に、自分は他人から見てもおかしくない動作をしているだろうと、信じていただけである。

「人は他人ほど自分のことを知らない」

ということなのだと思う。実際に自分を正確に観察することは容易ではない。しかし他人の動作は日常的によく観察している。逆に言えば、他人ばかり観察して自分のことは何も見ていないのが、人間なのかもしれない。

むろん、まったく自分の動作を意識していないわけではないだろう。しかし、自分の動作を直接観察することはせずに、自分の動作に対する他人の反応を見て、そこから自分が適切に振る舞っているかどうかを確認しているのではないだろうか。他人の反応ばかり気にする人がいる。そのような人は自意識過剰と呼ばれることがあるが、右のように考えると、皆、他人の反応を見て「これが自分」と思っているわけだから、ほとんどの人は自意識過剰なのであろう。

こんな話を、以前、テレビの取材を受けたとき、担当のキャスターにしたことがある。二日にわたる取材で、一日目にこの話をしたのだが、次の日、そのキャスターに「昨夜は眠れませんでした」と言われた。人から見られることに慣れているアナウンサーでも、このことに気がつくと、自分自身がどのように見られているか、心もとなくなる。

では、人はどのくらい自分のことを知っているべきで、どのくらい知らないでいるべきなのだろうか？　この問いに答えることは難しい。自分のことを意識しすぎる人は、他人の反応ばかりが気になり、何もできなくなるかもしれない。しかし、自分のことをまったく意識しない人は、他人に対して失礼な行動をとる可能性も高く、社会的に受け入れられない可能性がある。ある程度意識し、ある程度意識しないことが必要なのだろう。私は、自分のことが七〇パーセントから八〇パーセント分かっていれば、残りはあえて知らなくてもいいような気がしている。

他人の反応を通して自分を知るということは、同時に、人間社会のもっとも基本的なメカニズムを構成する重要な要因であるとも考えられる。他人の反応を見ながら自分を知る。全員でその連鎖を作りながら、互いに自分はうまく行動していると信じながら、人間関係を形成し、社会を形成している。

「社会がなければ、人間は自分のことを知ることができない」

のだろう。人間は社会的動物であると言われるが、その理由がここにあるように思う。

大事なのは唇の動きと〇・五秒の遅れ

さて、話をジェミノイドに戻そう。

本体が完成して、次に取り組んだのが、遠隔操作機能の開発である。すでに女性アンドロイドで、目や体の微小な人間らしい動きは実装していた。また、挨拶などのごく簡単な対話も自律的に行うことができるようになっていた。

しかし、コンピュータに登録されていない質問には、オペレータが直接答える必要があ

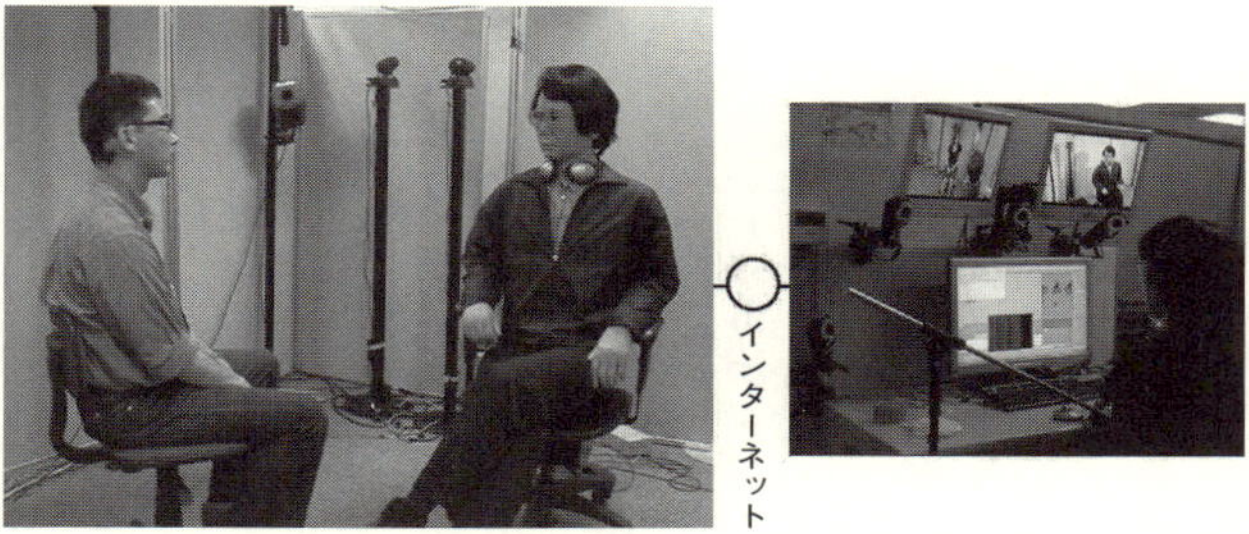

ジェミノイドを使って操作者が訪問客と話をする様子。オペレータ（右の写真）はインターネットを介して訪問者（左の写真、左側）に話しかける。実際にはジェミノイドが話しているように訪問者には見える

る。また、話の流れで、右を向いたり左を向いたりというようにジェミノイドの体を動かす必要がある場合も、遠隔操作が必要になる。

遠隔操作機能を開発するうえではいくつかのポイントがあった。

まず一つ目は、唇の動きである。女性アンドロイドを開発したときに気がついたのであるが、口の大まかな動きは、声と一致する必要がある。一致しないと、ジェミノイドが喋っているように聞こえない。逆に一致さえしていれば、スピーカーの位置が口から離れていても、ジェミノイドが喋っているように聞こえるのである。このことをうまく利用したのが、腹話術である。手に持った人形の口をパクパク動かしながら、口をほとんど動かさずに喋ることで、人形が喋っているように見せることができる。

口を正確に動かす必要はない。口の開け方は人そ

れぞれに違う。もちろん、母音を発声するときは、母音に応じて異なる形を作る必要があるのだが、口の開け方の大きさは人それぞれである。幸い、私はあまり口を大きく開けて喋るほうではないので、ジェミノイドに喋らせるのには好都合であった。

さらに、口の動きは、首の動きなどを伴うと、もっといい加減でよくなる。映画の吹き替えを思い出してほしい。オリジナルの音声は英語なのに、日本語に吹き替えてもちゃんと喋っているように見える。人が喋るときには、唇の動きだけが、声に同期するのではなく、体の動作全体が同期しているのである。ゆえに、アンドロイドやジェミノイドでも、首や体の動きを声に同期させれば、唇の動きを正確に声に合わせる必要がない。

アンドロイドでもジェミノイドでも、完全に人間と同じ唇の動きが再現できているわけではない。シリコンの皮膚を使って、自然な表情を作るために、かなり唇の動きを制限している。しかしながら首や体の動きを声から生成することができれば、その問題はかなり改善される。

二つ目のポイントは、「時間の遅れ」である。オペレータが話すと、その音声はインターネットを介して送られ、ジェミノイドから発せられる。オペレータは再びインターネットを介して、そのジェミノイドの（実際には自分の）発話とそれに反応する訪問者の声を聞く。自分が話した音声がジェミノイドの声として聞こえるまでには、約〇・五秒の遅れが生じる。

この〇・五秒の遅れが大きな問題となる。自分の声が〇・五秒遅れて耳に聞こえてきたらどうなるだろう。実際にやってみると、ほとんど話をすることができない。人間は常に、自分の声を耳で聞きながら喋るのに、たとえば、「わたしは」と喋ったのが自分の耳に届くまでに〇・五秒の間隔が開いてしまう。むろん、聞こえてくる自分の声を無視して話をすればいいのであるが、それは非常に不自然で、ついつい自分の声を聞きながら話してしまうのである。

この問題を解決するために、オペレータには、インターネットを介して聞こえてくる声と、ジェミノイドが喋るのをマイクロフォンで拾った声（時間遅れのない声）の両方を聞かせるようにした。そうすると、突然、自然に話ができるようになったのである。時間遅れのある声とない声が聞こえたら混乱するのではないかとも思ったが、実際には、時間遅れのない声だけに簡単に注意を向けることができ、時間遅れのある声はほとんど意識しなくなる。このことも、ジェミノイドを開発して発見した、おもしろい人間の性質である。

「人間は自分の体に都合のよい情報を選択できるようになっている」

おそらく、他の感覚でも同様の現象が起こるのであろう。触覚、視覚、聴覚、そういったものをいろいろ試してみると、人間の感覚の特徴がより明らかになるかもしれない。

ジェミノイドの視覚

遠隔操作機能の開発の三つ目のポイントは、オペレータが、ジェミノイドの体や、ジェミノイドと話をする訪問者を観察するためのカメラの配置である。

普通であれば、ジェミノイドの目にカメラを仕込むことを考えると思う。しかし、目のリアリティを追求するためには、眼球にカメラを埋め込むことはできない。試行錯誤の末、そのかわりに、ジェミノイドの体を見るためのカメラと、訪問者を見るためのカメラを設置した。遠隔操作をするオペレータは、それらのカメラから得られる映像を映し出す二つのモニタを見ながら操作する。その視点の配置はジェミノイドからの視野とは異なるものの、十分臨場感のある遠隔操作が可能になった。

なぜ人間の視野と異なる映像を見て、臨場感が得られるのであろうか？

人間にとっては、映像そのものよりも、そこに含まれる情報の方が重要になる。また、人間の目と同じ視野を持つ映像を映し出しても、それは本当に人間の見ている映像かどうかは分からない。人間の網膜は中心付近で解像度が高く、周辺では解像度が低い。しかし、実際に我々はそのような映像を見ているとは思っていない。頭の中で情報を整理して、その世界はこう見えるはずだと解釈した結果を見ているのである。ゆえに、人間の視野とは異なっていそうな映像であっても、そこに必要とされる情報が映し出されていれば、脳はうまく情報を整理して、自然に見せてしまうのである。

ジェミノイドの場合、その必要とされる情報というのは、自らの体の動きと、相手の体の動きである。実際、我々の日常を思い返しても、自分の体を意識しながら他人の動きを見ている。逆に他人の動きしか見えないというのは、かえって不自然である。まるで覗《のぞ》いているように見えてしまう。目の前の人と同じ空間に存在して話をしているという感覚を得るには、自分の体も相手の体も観察できる必要があるのである。

しかしながら、このカメラの配置が、理想的であるとは必ずしも言い切れない。最低限の情報は得られていそうであるが、ジェミノイドの動作やタスクによっては情報が十分に得られないこともある。たとえば、手で作業をするときには、手を詳しく見る視野が必要になる。

そこで、ジェミノイドはめがねをかけているのだが、そのめがねの蔓《つる》に超小型のカメラを仕込んでみた。先に述べた、相手を観察するカメラと置き換えてみたのである。ジェミノイドが動くと視野が揺れるという問題が出てきたものの、非常に高い臨場感が得られた。

このように、ジェミノイドを使い、そのカメラの配置を工夫すれば、人間はどのようなときにどのような視覚情報が必要となるかを、一つ一つ調べていくことができる。ジェミノイドが単なるロボットではなく、人間のさまざまな機能を検証できる認知科学や心理学のテストベッド（実験機）になれるという一つの例である。

遠隔操作と自律動作をどう組み合わせるか

最後に重要となるポイントは、人間による遠隔操作と、アンドロイド自身の自律動作との組み合わせである。ジェミノイドは、人間らしい動きを再現するために多くのアクチュエータを持つ、非常に複雑なアンドロイドである。これをすべて遠隔操作するのは、操作者には非常な負担を伴い、技術的にも不可能に近い。

むろん、操作者に、その動きを精密に計測するモーションキャプチャを装着してもらい、その動きをジェミノイドに伝達するということも考えられる。

しかし、もしそのようなシステムを使えば、操作者は自分の動きにかなり注意を払わなければならない。すでに、操作者が見ているモニタに映し出される映像は、操作者の視野と同じではない。そのような異なる視野を持ちながら、完全に動きを一致させるのは、操作者にとって非常に苦痛なはずだ。

そこで、ジェミノイドのシステムでは、女性アンドロイドで開発した自然な動作や、自然な目の動きを自律的に再現することにした。そのうえで、右を向くとか左を向くといったような大きな動作だけは、オペレータがコンピュータの画面からマウスで選択するようにした。

オペレータがジェミノイドの体を自分の体だと認識するようになるには、目の動きは細かな動きまでも同期していないとだめだと思う人は多いかもしれない。しかし、先に述べたように、実際のところ、自分の目の動きや、微小な肩の動き、または微小な癖をちゃんと認識している人はいない。自分の動作は正確に認識せずに、おそらくはちゃんと動いているだろうと信じているのである。

ジェミノイドの遠隔操作においても、その程度の人間の認識を満たしてやるだけでよい。ジェミノイドが人間らしい目の動きや微小な動きを持てば、操作者は、自分もそんなふうに動いているだろうと、たやすく納得してしまう。

ただし、この遠隔操作と自律動作を合成するという話にはその先がある。人はどこまでの動作を無意識に行い、どこまでを意識的に行っているのだろうか？　たとえば、大きな音がすれば、その方向に顔を向ける。一方で、座っていて退屈したり、おしりが痛くなったりすれば、左右を見渡しながら、椅子に座り直すかもしれない。実際のところ、無意識的動作と意識的動作の境界は非常に曖昧である。

このような問題を確かめるために、ジェミノイドは役に立つ。ジェミノイドの微小な動作だけでなく、体を右に向けたり左に向けたりするような大きな動作まで徐々に自律化していけば、いつしか操作者は、ジェミノイドが自分の思い通りに動いていないことに気がつくだろう。その瞬間に、無意識の動作と意識的動作の境界が現れるのではないか。

現在私が取り組んでいることの一つは、まわりの環境についての多様なセンサ情報に対する反射的な動作をジェミノイドに取り入れることである。従来、ジェミノイドでは、センサ情報をまったく使っていなかった。ジェミノイドの無意識の動作は、まわりで何が起ころうが変化しない目の動作や、体の微小な動きに限られていた。そこでそれに加えて、女性アンドロイドのときと同様のジェミノイドの感覚機能を用いて、カメラで得られる映像や、人の位置を検出するための床センサの反応、ジェミノイドの持つ皮膚センサの反応に対する、自然な反射行動を実現しようとしている。

この研究で興味深いのは、ジェミノイドがいままで以上に自律的になることである。その自律的なジェミノイドに乗り移るオペレータは、これまでのジェミノイドと同じように、自分の体であると錯覚できるだろうか？　無意識の動作であることは変わりないが、オペレータは、外部からの刺激に勝手に反応するジェミノイドを観察していて、自分がその反射的な行動をとった気分になれるだろうか？

人間の反射的な行動は、直感的には、経験する者にのみ、自分の反射行動であると認識されると考えるのが正しいように思える。しかし、それを観察するだけで、自分の反射行動であるように思える可能性は十分にある。私自身は、プログラムの出来映えにもよるが、オペレータがジェミノイドの反射行動を見て、自分がその反射行動をとったと錯覚できるようになることを期待している。

第５章
ジェミノイドに人々は どう反応し、適応したか
——心と体の分離

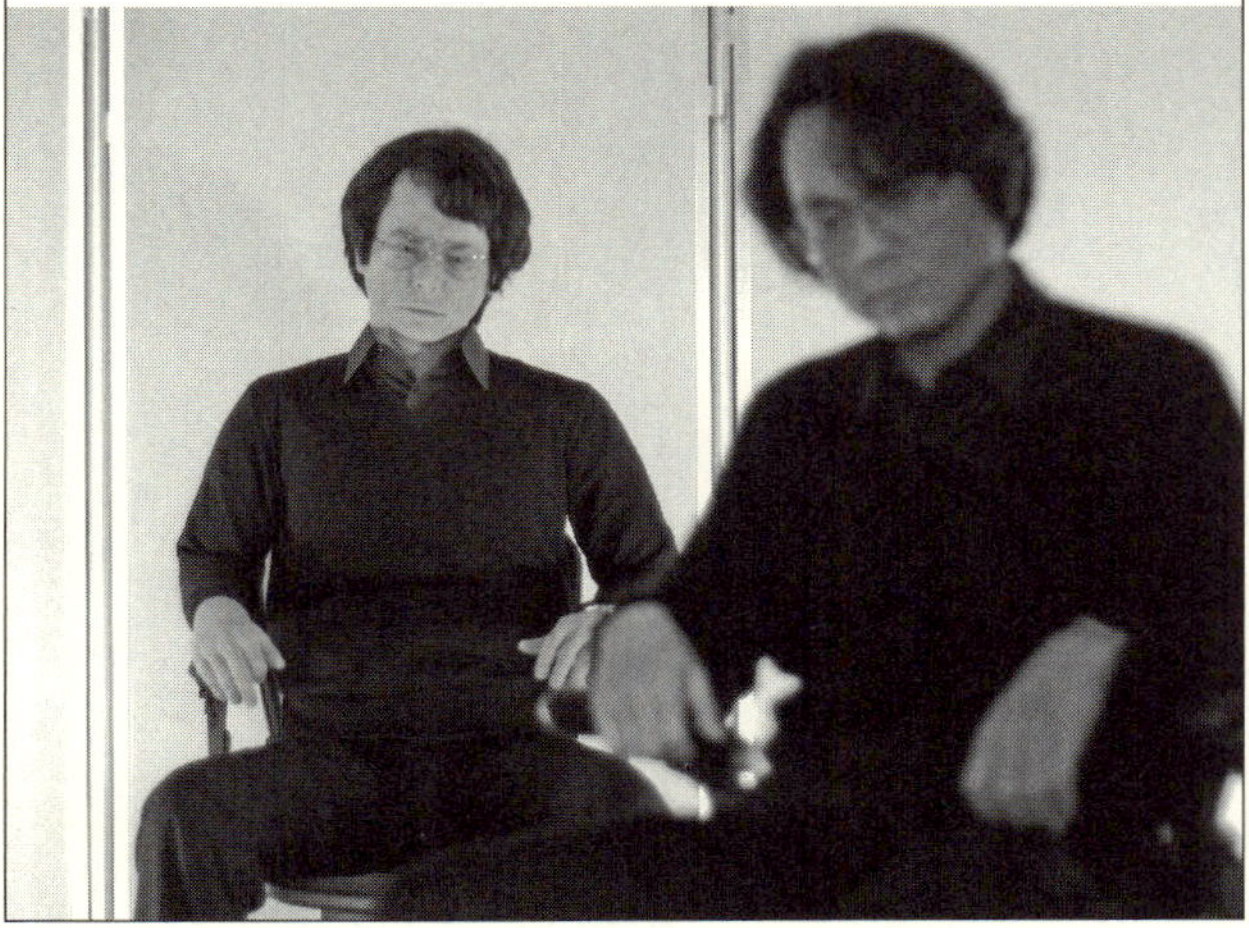
私の影とジェミノイド

訪問者はジェミノイドにどう適応するか

このようにして開発された私のアンドロイド「ジェミノイド」であるが、私以外の人々はどのように反応し、適応しただろうか。この章では、そのことについて述べたい。

このジェミノイドには、研究所を訪れてジェミノイドと話をした人も、ジェミノイドを操作するオペレータも、どちらも非常に強く引き込まれた感じを覚えた。

ジェミノイドと話をする訪問者が強く引き込まれた感じを覚え、それがまるで私自身であると錯覚したのは、女性アンドロイドの例からも想像ができるかと思う。ロボットとしては女性アンドロイドとほぼ同じようなものであるが、ジェミノイドの場合は女性アンドロイドと異なり、人間がインターネットを介して送った生の声が、ジェミノイドの背後に置かれたスピーカーからそのまま再生される。そのため、非常にリアリティが高まる。人間らしい見かけや動きに加えて、人間らしい対話が可能だからである。

このリアリティがどれほどのものか調べる実験をいくつか行った。

まず、最初に、ジェミノイドの開発に携わった研究者の反応を見てみた。研究者であるから、ジェミノイドのシステムは知り尽くしている。もちろん、ジェミノイドの目は義眼で、何も見ていないことも知っている。

ジェミノイドを通したオペレータとの対話において、最初、その研究者はオペレータが見ているカメラを見たりして、落ち着かない様子であったが、対話を始めて五分もすると、自然にジェミノイドの目を見ながら話をするようになった。たとえその目が偽物の目であっても、目を見て話をする方がストレスを感じないのである。

そのような見方は、女性アンドロイドの実験で確認したように、物を見る見方ではなくて人間を見る見方である。じっと目を凝視するのではなく、時折目をそらしながら、あたかも人間と話しているように話す。実際に感想を聞くと、私が遠隔操作している場合には、私と話をしているのと同じように感じると答えた。

娘と「偽物のパパ」

次に試したのは、四歳のときに子供アンドロイドのモデルになった私の娘との対面実験である。娘はこのとき一二歳になっていた。この実験では、私本人との対話と、ジェミノイドとの対話を比べた。また実験においては、言葉遊びやゲームも用いて対話の内容に条件を設けた。

結果は、結論から言えば、同じであった。むろん、娘はジェミノイドを見て、それがロボットであることをすぐに理解した。「偽物のパパ」と言ったが、それは、それが人間でないことが分かっているからだろう。しかし、そう言いながらも、普通に対話ができた。

対話がうまく成立しているときは、時折互いに目を合わせた。また、相手の動きに同調した動きも時折見せた。そういった、目を合わせる回数や、同調した動きが出現する回数を数えてみると、私本人と対話するときと、ジェミノイドと対話するときで、ほとんど差がなかったのである。

この実験で娘はどう思ったかよく分からない。自然に話ができたということは、ジェミノイドを受け入れてくれた可能性はかなり高い。一方で、無意識に私と思って対話していた可能性もある。

ところで、偽物のパパと本物のパパは本当のところどこが違うのだろう？　もう少しお金をかけて、ジェミノイドの見かけや動きを本当に人間と区別のつかないものにしたら、どうなるだろう。見かけや動きだけで判断できないジェミノイドは、いつしか、本物のパパになる可能性がある。

よく言う冗談であるが、もう少しこの実験を繰り返せば、家にジェミノイドを置いておけば、私は家に帰る必要がないかもしれない。実際に、私は家でたいしたことはしていない。ご飯を食べて、多少会話をした後、自分の部屋で再び仕事を始める。すなわち、多少の会話しかしていないのであるから、ジェミノイドで十分なのかもしれない。むろんジェミノイドは食事をすることはできないが、むしろ物を食べない方が経済的だし、面倒でない。このように考えると、映画に描かれているアンドロイドがそこかしこに現れる未来社会は、それほど非現実的なものでないとさえ思える。

幼い子供はジェミノイドにどう反応するか

もう一つ、今度は自分の娘以外の子供を用いた実験を行った。子供アンドロイドを開発したとき、小さい子供、特に三歳から四歳程度の子供は、不気味なアンドロイドに非常に敏感だったが、このような子供たちのジェミノイドに対する反応も見てみたかったのである。

協力してくれたのは、ある研究員の四歳の子供である。とても元気のいい子で人見知りもしない。

いまでもよく覚えているが、最初にジェミノイドに会ったとき、この子はすごく緊張して、固まっていた。一応、会話はできたのであるが、体は明らかに硬直していた。そのあとで今度は、その子の母親や私の娘を含めて、一〇分ほどジェミノイドと一緒に遊んだ。むろん、私の娘や母親はすぐにジェミノイドと普通に対話できるようになり、打ち解けた話ができた。その後で、今度はその子だけジェミノイドに会ってもらった。そうすると、今度は、完全に打ち解けて、ジェミノイドとまったく普通に話をしたり、遊んだりすることができた。

その子の父親に、「ジェミノイドを誰だと思ったか」と聞いてもらったら、その子は「石黒先生でもない、誰か違う人」と答えた。すなわち、その子は、不気味な私が目の前にいるのではなく、会ったことのないような変な人が目の前にいると思ったのだろう。しかし、ジェミノイドはある程度の人間らしさを持ち、ちゃんと対話もでき、まわりの人も普通に話をしているので、そのような種類の人間がいると受け入れたと考えられる。

「先生はジェミノイドに似てきましたね」

最近、おもしろいことを言われるようになった。「先生は、最近ジェミノイドに似てきましたよね」と多くの人に言われるのである。これは、考えれば非常に興味深い現象である。私自身は、私が主でジェミノイドが従だと思っていた。しかし、いつのまにか、まわりの人にとっては、ジェミノイドが主で私が従になっていたのである。

私のまわりの人は、私自身に興味があるというよりは、私の研究や研究成果に興味がある人が多い。

むろん、時には、私自身に興味がある人もいる。たとえば、初めてロボットを小学校に持ち込んで実験したときに、万が一ロボットが子供に悪影響を与えてはいけないと思い、精神科医に立ち会ってもらったのだが、彼は「ロボットの実験よりも石黒先生を見ている方がはるかにおもしろい」と言っていた。その精神科医によれば、人間は、大きく分けると、いつも何かをしていないと気がすまないタイプAと呼ばれるグループと、そうでないのんびり屋のタイプB、そして周囲に気を遣うタイプCのグループに分けられる。私はこのタイプAの中でも、彼がそれまでに見たことがないくらいの典型例なのだそうだ。また、一緒に「ロボット演劇」のプロジェクトを行った劇作家の平田オリザ氏にも、「あんたを観察している方がおもしろい」とよく言われる。

とはいうものの、まあ、このような人は例外で、研究所や大学で仕事上関係のある人たちにとっては、私の研究が私を象徴している。

ジェミノイドはこれまでに多くのメディアに取り上げられ、その写真はあちこちのホームページや雑誌で紹介されている。私自身の写真よりもはるかに多く人目に触れている。だから、人は私よりもジェミノイドの方をよく見ている。ゆえに、興味ある研究成果であるとともに、よく目にするジェミノイドがおもな関心になるのであろう。

ところで、私は、ジェミノイドを作った頃から少しずつ太りはじめた。多少ズボンのバンドがきつくなる程度であるが、それでも、少し肉がついたことはよく分かった。それが、最近、筋力トレーニングを始めて、体型が戻り始めた。それを見て、またまわりの人たちに「最近先生は、本当にジェミノイドに似てきましたね」と言われる。

このようなことがあると、人間のアイデンティティがどこにあるのかということを、改めて考えさせられる。人は、他人の「全体」を見て、その人を認識しているのでもなければ社会的な関係を築いているのでもない。その人の社会における役割や個性を見て、その人を認識し、自分の中で位置づけているのである。

「人間は絶対的なアイデンティティを持たない」

人はさまざまな側面を持っていて、それぞれの側面において、社会の中で異なる受け入れ方をされている。怖い大学教員としての私もいれば、ジェミノイドに似てきたとからかわれる私もいる。

ジェミノイドの頬を突っつかれると操作者は……

ジェミノイドをめぐって、さらに興味深いのは、操作者が自然に適応することである。訪問者とジェミノイドとの対話が五分ほど続くと、操作する者は、ジェミノイドの体が自分の体であるかのような錯覚を覚えるようになる。

ジェミノイドの動作は、座っている状態においては、かなり自然で人間らしく見える。

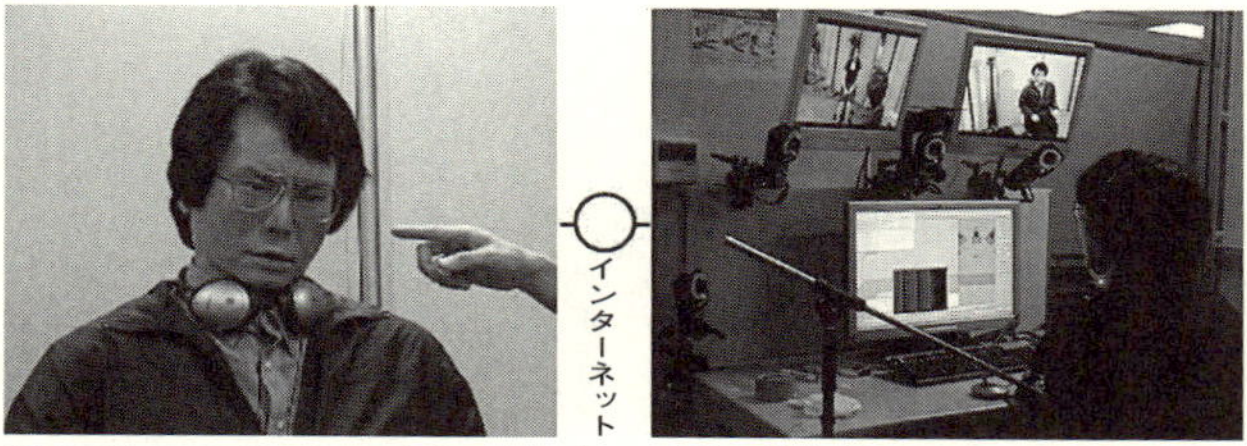

頬を突かれるジェミノイド。ジェミノイドの操作者は、まるで自分の頬が突っつかれたような感覚を持つ

しかし、人間と比べると、とれる姿勢のパターンには限りがある。操作者は、その体を二つのモニタを通して観察するうちに、いつしかジェミノイドの姿勢や体の動きに自分も合わせるようになり、非常に窮屈な思いをするようになる。ただ、しばらくして操作に慣れると、一体感を持ったまま、ある程度楽な姿勢で喋れるようにはなる。

この、操作者のジェミノイドの体への適応がどれほどのものであるかを試す簡単な実験をやってみた。先にジェミノイドの頭部を開いたときの自分の感覚について述べたが、その経験に少し関連した実験である。

ジェミノイドを通した対話を五分ほど続けて、操作者がジェミノイドの体に適応した頃を見計らい、ジェミノイドの頬を突っついてみる（上の左の写真）。すると、操作者も本当に自分の頬を突っつかれたような感覚を持った。ジェミノイドにはさまざまなセンサが備え付けてある。しかし、この実験ではそういったセンサは一切使っていない。

操作者は、モニタを見ながら喋っているだけである。なのに、ジェミノイドの体があたかも、自分の体であるかのように感じたのである。

この頬を突かれる体験は非常に屈辱的である。なかには本当に「やめてくれ」と声を出してしまう操作者もいる。体が自由に動けないのをいいことにいたぶられている感じがするのである。そして、頬に何か触れた感覚を持つとともに、突っつかれることから逃れようと、自然と体が反対の方向に動いてしまう。この感覚はなかなか文章で言い表すことが難しいが、とにかくかなりはっきりとした感覚なのである。

ここで、モデルの私が操作する場合の感じ方と、私以外の人が操作する場合の感じ方とでは違いがあるのではないかと、疑問に思う方もいるだろう。しかし、調べてみた結果、それほどの違いは出なかった。

別のこともやってみた。私や男子学生がジェミノイドを操作しているときに、女性の秘書に触ってもらったのである。そのときは、本当にどきっとした。

以前、NHK教育の科学番組「サイエンスZERO」でジェミノイドの研究を紹介してもらったことがある。司会の安《やす》めぐみさんが、研究所を訪れ、ジェミノイドと対話した。そのときは男子学生がジェミノイドを操作していたのであるが、安さんがジェミノイドに触ると、その学生は自分が触られた気分になったのか、本気で興奮していた。

感覚と体のつながりを考える

では、なぜこのようなことが起こるのだろうか？

私は、それは、

「人間の体と感覚は密につながっていない」

からだと思う。

「象はなぜ走れるか？」

このような問いを共同研究者の一人から投げかけられたことがある。この問いの意味は、次のようなことである。象は大きな体を持っているので、足の感覚が脳に伝わるにはある程度の時間がかかる。それなのに象はちゃんと走れる。足の裏が地面についていることをいちいち確かめていたのでは、とても走ることができない。これは、象の体と感覚が密につながっていないことを示唆している。人間の場合も同じである。すべての感覚を脳で確認しながら行動しているわけではない。

脳の中には、体全体の感覚がちゃんと得られていると錯覚を起こす機能がある。人間が走っている場合も、体の感覚からの情報は時折しか脳に伝えられないのであるが、脳は、体の感覚器はちゃんと働いていると思い込んでいるのである。

運動に関しても同じことが言える。ボールを投げたり、車を運転したりするとき、体のどの筋肉がどのように動いているか、はっきり意識している人はいない。ゆえに、少し投げ方を変えれば、もっと遠くにボールを投げられるのに、自分の体がどう動いているかちゃんと認識していないために、なかなかボールの投げ方を変えることができない。コーチにこの筋肉をもっと使いなさいと指摘されて初めて、修正できるのである。しかしながら、実際にボールを投げているときは、自分の体は自分の思い通りに動いていると錯覚する。運動に関しても、ちゃんと体全体がうまく動いていると錯覚する機能が脳の中にはある。

このように、脳と感覚、脳と体が密につながっていないために、人間は、ジェミノイドのようなロボットにも乗り移ることができる。ジェミノイドの場合は、自分が喋れば、ジェミノイドも喋り、自分が右を向けという指令を出せば、ジェミノイドは右を向く。そして、自分の体かどうかは分からないが、とにかく人間らしい体を持って動いている。さらに、これが非常に大事なのだが、その体を通して、他人とちゃんと話をすることができる。ゆえに、ジェミノイドを自分の体と錯覚し、さらには、自分の脳とジェミノイドの感覚までがつながっていると錯覚するのである。

ジェミノイドを使って遠隔地でも仕事ができる

これまでに説明したように、ジェミノイドには、操作者も訪問者もごく自然に適応するので、たとえば、通常の会議もジェミノイドを使って問題なく行うことができる。

ジェミノイドは普段、ATR知能ロボティクス研究所のある一室に置いてあり、私は、大阪大学で研究をしている。ATRと大阪大学の間は電車で二時間、車で一時間程度かかるために、ATRでの研究のミーティングにジェミノイドを使えば（ジェミノイドが出席すれば）、非常に時間が節約できる。

113ページ右の操作システムの写真では、二つのモニタと唇の動きを追跡するモーションキャプチャを備えた、比較的大がかりなシステムになっているが、いまはこのシステムは、ノートパソコン一台で同様の機能を実現できるようになっている。二つのモニタの映像は、パソコンの画面に表示できるし、モーションキャプチャのかわりに、近年特に実用化が進んできた顔追跡ソフトウェアを利用している。これは、パソコンのカメラから入力される映像を解析して、顔の向きや唇の動きを追跡できるソフトウェアである。

ゆえに、ノートパソコン一台あれば、世界中どこからでも、ジェミノイドに乗り移ることができるのである。実際に、二〇〇八年には、イタリアからジェミノイドを操作することもやってみた。

このようにジェミノイドを使って、私は実際に時折、遠く離れたところからミーティングに参加したり、取材を受けたりしている。もっとも、取材ではたいてい、私とジェミノイドが並んで写っている映像や写真を希望されるので、遠隔操作による取材だけで許してくれるところは少ないのであるが。

ジェミノイドを使って研究のミーティングをしてみると、実際にまったく違和感がない。先に述べたように、五分もするとみんなジェミノイドに慣れて、普通に喋るようになる。特に学生の反応はおもしろい。私の体に触っていいよと言っても、みんな躊躇して触らないのである。学生に聞けば、私の体に触るのと同じだという。また、ジェミノイドの私がきつい言葉でしかると、しょんぼりする。

学生に対するミーティングにおいては、まったく何も問題がない。ただ、学生の書いた論文を見ながら、その問題を指摘するというような作業は多少やりにくい。ジェミノイドを操作しながら、論文を読まないといけないので、ジェミノイドを操作する側はけっこうたいへんである。でもそれも、多少インターフェースを工夫すれば、比較的楽にできるようにはなると思っている。

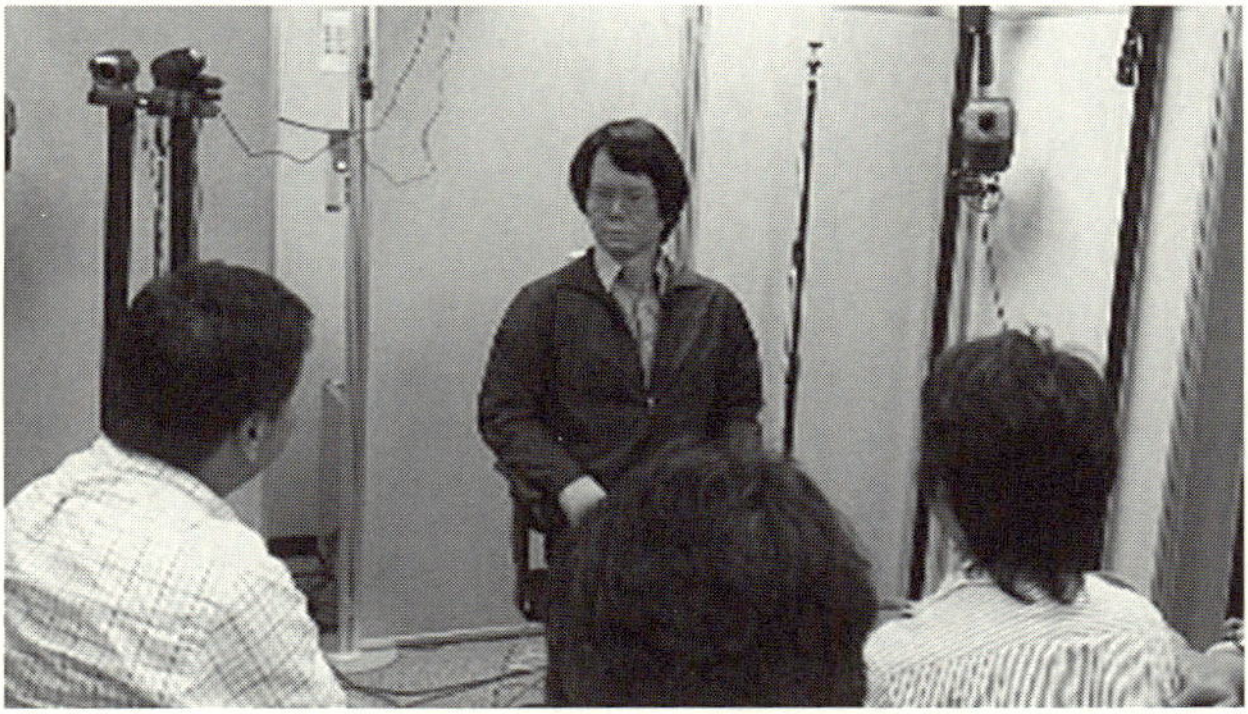
ミーティングに参加するジェミノイド。参加者は違和感なく私自身と話しているように感じるという

もっともおもしろかったミーティングは、研究者も巻き込んで、このジェミノイドを使ってどんな研究をすればいいかをテーマに議論したときだった。実際にジェミノイドを使いながら、「ジェミノイドのどんな性質を生かして、どんな心理実験を行い、どのように今後ジェミノイドを改良すればいいか」を議論したのである。システムを使いながら、そのシステムの問題を議論することができるのである。研究と研究の手段が完全に融合した議論で、これまでにない体験だった。

このジェミノイドによる会議について、「テレビ会議と同じではないか？」と疑問を持つ人もいるかもしれない。

しかし、両者はまったく違う。

テレビ会議の場合は、窓の向こうにその人がいるという感じであるが、ジェミノイドは、「本人」がそこに存在するのである。本人だと思える体に触ることができ、逆に、操作する方も、触られた感覚を持つ。このようなことはテレビ会議では起こりえない。

自分のかわりに職場にジェミノイドがいたら

このジェミノイドのシステムを使ったミーティングでもっとも大きな問題となったのは、ジェミノイドに対しては労務費が支払われないということである。私自身が実際にその場にいない、実際に研究所に出勤していない状態では、いくら働いても労務費が払われないのである。テレビ会議で労務費が払われないのと同じ解釈なのだろう。

しかし、私は、本当にATR知能ロボティクス研究所に出勤していないのだろうか？逆に、普段私はどうして、出勤していると思われているのだろうか？ジェミノイドは、私そっくりの見かけと動き、そして対話の機能を持っている。普段の私と同じである。普段でも別に、誰も私を確認はしない。たとえば、私の頭の中に脳が入っているかとか、おなかには内臓が入っているかなどとは、誰も確認しないのである。

すなわち、普段ATR研究所に出勤する私とジェミノイドの間には、根本的な差がない。ただ違うのは、普段の私に対しては、皆「人間が働いている」と信じているということである。しかしながら、これは近い将来非常に曖昧になる可能性がある。もう少しお金をかけて、研究所での私の仕事を整理すれば、それがジェミノイドであるか私本人であるか区別がつかない状況を作り出せる可能性がある。双子の兄弟が入れ替わっても、誰も気がつかないのと同じである。

いまのところ、人間と信じられるものに対して、労務費は支払われる。しかし、何を人間と考えればいいのだろうか？　近い将来ジェミノイドが人間と表面的に区別がつかなくなれば、この問題は深刻になるかもしれない。

「人は表面的にしか人を認識していない」

というのはかなり真実に近いと思う。表面的にしか得られない情報をもとに、その人の本質を理解しようとして、理解した気分になる。人を理解することなどできないのに、できた気分になるというのは、人間の不思議な側面の一つだ。

結局、人間とは現時点では定義不能に近いものなのに、誰もが人間かどうかは正しく見分けることができると考え、その大前提のもとに、世の中のルールは決められている。

人間の新しい解釈に基づくルール

これは、ジェミノイドだけの問題ではない。ネット上ではもっと深刻になっている。ネットを介して、特にテキストベースで人とチャットをするときに、相手が人間かどうかは確かめようがない。出会い系サイトで出会う女性や男性は、本当に人間なのだろうか。

私自身は、現在の「人間を人間であると信じる」というぼんやりとした基準で成り立っている法律やルールは、そろそろ見直す時期ではないかと考えている。特に私のような職業の場合、頭の中に脳が入っていることや、体の中に内臓があることが重要なわけではない。見かけや喋りが重要で、それで給料をもらっていると思っている。ゆえに、学生が権威までも感じることができるジェミノイドは、十分に労務費をもらう資格があるのではないだろうか。

技術開発が進み、肉体労働のほとんどを機械やロボットが代行するようになると、人間の仕事の多くは、人と関わり情報交換をするというような仕事になる。実際にそういった産業はどんどん伸びている。ゆえに、近い将来、人間に対する新しい解釈に基づくルールや法律が必要となるのは必然だと思う。

自分の妻が男のジェミノイドに「乗り移ったら」

このジェミノイドに関するエピソードを、もう少し紹介しよう。

ある夫婦の研究者と、ジェミノイドを囲んで議論をしていたときのことである。「操作者がジェミノイドに適応する」ということを体験してもらうために、二人に実際にジェミノイドを操作してもらった。夫が操作したときの反応は、とりたてて他の人と変わらなかったが、妻の方がジェミノイドを操作したときの彼女の反応と、その妻を見ている夫の反応は非常におもしろかった。

余談になるが、私の女性秘書に、ジェミノイドの操作が非常にうまい人がいる。私の特徴をうまくとらえながら、実にうまくジェミノイドを操作するのである。女性の方が人の仕草などに敏感で、よく見ているからかもしれない。

ジェミノイドの体への適応の度合においても、女性の方が高いように思える。先に述べた「頬を突っつく実験」も、いまのところ男性の操作者によるデータしかないが、女性の方が強い反応を示す可能性がある。

さて、そのことを確かめるためというわけではないが、妻の方がジェミノイドを遠隔操作しているときに、ジェミノイドの頬を突っつくだけでなく、体にも触ってみた。はたから見ると、私が私の体に触っているだけなので、特に変な感じはしない。しかし、遠隔操作している妻は「キャー！」と叫んだのである。あとで彼女に聞いたところ、本当に自分の体に触られた気がしたという。男性の操作者でも似たような感覚を持つが、女性の方が敏感に反応する気がした。

興味深かったのはそれだけではない。私に体を触られて驚き叫んだ（妻が乗り移った）ジェミノイドを見て、夫の方は腹が立ったと言うのである。この反応には、正直私も驚いた。ジェミノイドの見かけはまったく私なのに、夫にとって、その人格は妻になっていたのである。

「人間は見かけにこだわらない」

ということなのか？　これまでの議論では、どちらかと言えば、人間は見かけだという話をしてきた。しかし、ここにきて、見かけよりも、その中身にこだわっているという事実に直面したのである。

ただ、これは夫婦の間に起きた話である。しかも、互いに心底信頼しあっているという仲のよいカップルであるから、中身が見かけを凌駕《りょうが》した可能性はある。この夫婦にときどき同じ実験をしてみると、そのときの仲のよさが計れるかもしれない。

その後、カップルではない男女についても、同じ実験をする機会が得られた。そのときは、予想したように、女性が操作するジェミノイドを触っても、それを見ている男性が、特に腹を立てることはなかった。

誤解のないように言っておくが、ここで述べたような実験は無理矢理行ったわけではない。おのおのが研究者として、ジェミノイドに興味を持って参加したのである。

研究者とは変な生き物で、自分の興味とモラルの境界が常に揺れ動いている。一般にはモラルのない行為とされていても、それが研究の興味につながれば、かなり大胆なことをしてしまうのである。

私の友人でもある男性研究者が、初めてジェミノイドを見たとき、いきなりキスをした。さすがにそれには、私も驚いた。ジェミノイドは私とそっくりなので、自分がキスをされたような気にさえ少々なった。彼は脳科学や認知科学を研究しているのであるが、「キスをすればどんな感じがするのか?」と考えたときに、試してみずにはいられなかったのだろう。そのキスによって、研究を進めるうえで、他の手段では得られない直感を得てくれていればいいのだが……。

ジェミノイドとチューリングテスト

女性アンドロイドの研究における私にとっての基本問題は、「人間らしさの探究」であった。私は、先に述べたように人間らしさの科学的探究と工学とが融合した研究枠組みを、「アンドロイドサイエンス」と名付け、提案した。

しかし、ジェミノイドの開発を通して、自分にとってアンドロイドサイエンスの中身は大きく変わってきた。「人間らしさの探究」から「人間の存在とは何か?」という基本問題に変わってきたのである。

このことは、私にとっては非常に喜ばしいことであった。「人間の存在とは何か?」という、哲学的な問いに少しなりとも触れることができたからである。自分の研究が哲学と多少の接点を持てたのである。このようなことは、おそらくこれまでのロボット工学ではなかったのではないかと思う。

むろん、人工知能の分野では、昔からこのような哲学論争はなされていた。その例の一つが、チューリングテストである。

チューリングテストとは、テキストによる対話において、相手がコンピュータか人間かを見破るテストである。チューリングテストに合格する(コンピュータか人間か見破られない)プログラムが開発できれば、それはある意味人間と同じレベルであるとされる。

このチューリングテストと似たことがジェミノイドには起こっている。むろん、会話そのものは人間が遠隔操作しているので、人間によるものであるが、その他はすべて作られたアンドロイドである。対話以外の部分においてロボットがどれほど人間に近いかを試しているのが、このジェミノイドの研究なのである。

いつの日か、チューリングテストに合格するコンピュータプログラムが開発され、それがジェミノイドに実装されたならば、見かけも中身も人間と区別がつかないアンドロイドが実現できるかもしれない。このような、見かけも完全に人間に見えるものを対象にした完全なチューリングテストは、トータルチューリングテストと呼ばれるが、ジェミノイドは、それを可能にするかもしれない。

自我の問題

このジェミノイドを用いたアンドロイドサイエンスでは、これまでにも説明してきたように、いくつかの基本問題が存在する。まずは、

「心と体は分離できるか？」

という問題である。ジェミノイドのシステムにおいて、操作者は、ジェミノイドの体が自分の体であるかのような錯覚を覚えた。そこでは、脳（心）と体がインターネットを介し

てつながっている。言い換えれば、ネットによって、いわば分離されうる状態にある。この疑問は、言いかえれば、

「心と体はどれほどつながっていれば、同じ人間のものとなるか？」

という疑問でもある。

次に頭に浮かぶ疑問は自我の問題である。「自我とは何か？」という疑問に答えはない。しかし「他人から認識される自分があるから自我がある」というように、人間の社会関係にその発現の原理を求めるなら、ジェミノイドを用いた実験は興味深い。ジェミノイドを用いた実験では、他人の体に乗り移って、他人から見れば、見かけは私であるが、中身は操作者であるというような、まぜこぜになった人格として見える。

そうした状況をしばらく続ければ、どうなるのであろうか？　もしかしたら、操作者は自分が誰であるか分からなくなるか、新しい自我を持つ人間になる可能性もある。化粧を変えたり、体型が変わったりすると、人格まで変わるという話があるが、ジェミノイドではもっと極端な方法で、そのことを試すことができる。

「自らの認識と他人の認識は一致するか？」

という疑問も、ジェミノイドの研究から出てきた疑問である。

人間の存在とは何か？

このような疑問の果てに思うことは、

「人間の存在とは何か？　人間とは何か？」

という問いである。むろん、この問いに答えはない。しかし、この問いを意識できる研究に携われていることが、私にとっては重要である。

かつて、研究者は哲学者でもあった。レオナルド・ダ・ビンチは、画家であり、数学者であり、建築家であり、医学に興味を持つ者であり、哲学者でもあった。そして、常に人間とは何かというもっとも基本的な問題を、分野を超えて直視していた。ゆえに、さまざまな新しい問題に遭遇し、さまざまな創造的な活動を後世に残した。時代が進むにつれて、そのような研究者は少なくなってきたかもしれない。しかし、偉業を成し遂げた人の伝記を読めば、それぞれに、人間とは何かという疑問に向かい合っていたことに気がつく。

私がいま述べているのは、自分が偉業を成し遂げたとか、成し遂げる可能性があるという話ではなく、「研究者本来の姿とは何か？」という問いである。より基本的な問題に目を向け、分野を超えて、その問題を解こうとするのが研究者であろう。

さらに言えば、人は皆、ある意味において研究者であるとも思う。「人間とは何か」という問いを持つのは、おそらく人間だけだろう。

「人間が人間らしく生きるには哲学が必要」

だと思う。ただ、ここで言う哲学とは、デカルトやパスカルのような難しい哲学を意味するのではない。「自分は何者か？」と疑問に思うだけで十分なのである。

先にも述べたが、どのような仕事を見ても、結局は「人間とは何か」という問いに向かっているように、私は思う。たとえば、電機メーカーで製品を作っている人は、常に、その製品が人の役に立つか、買ってもらえるかどうかを考えている。家を建てる人は、その家に住む人のことを想像しながら、家を設計し建築する。医者や看護師は、治療を通して常に人間とは何かを考えている。

すべての人は、人のために働いており、誰もが暗に人間とは何かを考えているといえる。ゆえに、私には、本来誰もが哲学者であり、誰もが動物と異なる人間なのだと思える。

心の鏡

ジェミノイドは、日本だけではなく、ヨーロッパやアメリカでもよく知られている。特にヨーロッパでは、関心を強く持たれており、ドイツ、イタリア、イギリス、フランスなどのメディアが、頻繁に取材に訪れる。最初のうちは「日本はロボットが有名だから、ちょっとおもしろいロボットを作っている研究者を取り上げてみよう」というような取材が多かった。しかし、その取材の中で研究の目的を説明すれば、皆、興味と理解を示してくれる。そして、人間理解の研究という関心での取材も多くなってきた。

そのうちに、哲学者も噂を聞きつけて、研究室にやってくるようになった。その中のある若手研究者が、「鏡」というタイトルで、哲学の論文を書きたいと言ってきた。その哲学者は、数ヵ月、私の研究室に滞在して、ジェミノイドやアンドロイドを見ながら論文を書いていた。

彼の論文の内容を簡単に言えば、人類は常に、自らを映し出す鏡を求めているということである。本やインターネットなど、人間が創ってきた物すべては、何らかの形で人間を映し出している。そして、今日、人間型ロボットやアンドロイドという、表面的にはより直接的に人間を映し出す鏡を人類は手にしたのである。そのような主旨の論文だった。

哲学の論文に結論はない。ただ、問題を精緻《せいち》に定義するだけである。ゆえに、工学の研究に携わる者から見ると、いらいらするところもあるのだが、少なくとも私の場合は、哲学者とともに、ジェミノイドがもたらす意味を考えることができて幸運であった。

ジェミノイドはこれまでに議論してきたように、人間のさまざまな側面を映し出す。そして、時に、「自分の心がどこにあるか」「心とは何か」という問題にまで疑問を抱かせる。私にとって、ジェミノイドとは、自分の外見を映し出す鏡であるだけでなく、心まで映し出す鏡である。

第６章　「ロボット演劇」
——人間らしい心

ロボット演劇のための作品「働く私」（平田オリザ脚本・演出、黒木一成プロデュース）で演技をするワカマル

ロボットの感情

前章で「ジェミノイドは人間の心の鏡である」と述べた。そう考えると、次には心とは何かという疑問がわいてくる。

だが、これまで心を持つロボットは開発されていない。もう少し正確に言えば、人間が人間に感じるような明確な心を持つロボットは作られていない。

むろん、ロボットがある程度複雑に動くようになれば、ロボットが感情を持つように感じることはよくある。

私は、先に述べたように、一九九九年に、日常活動型ロボット「ロボビー」を開発した。ロボビーには当時安定して利用できる、視覚機能、触覚機能、移動機能、音声対話機能などを実装するとともに、三〇〇種類にのぼる動作がプログラムされていた。どれほど人間と豊かに関われるかを試すためであった。

ロボビーの動作は三〇〇種類であるが、その動作の順序を決めるルールは七〇〇にものぼる。たとえば、「こんにちは」と発話をしたら、その次に「握手をしてね」と言うなどのように、次にどのような動作をとるべきか、あるいは逆に、とらざるべきかというルールである。ロボビーは自らが持つ多様なセンサ情報から、起動できるすべての動作をチェックし、その直前にとった行動から、動作の順序を決めるルールに合う動作を実行する。

２台のロボビーが互いに話している様子。ロボビーは、判断できる視覚特徴が似ていれば、人間とロボットの区別なく対話する

このように多数の動作と起動順序を決めるルールを準備すると、プログラムを開発した者でさえ、ロボットが次にどのような動作をとるか、予測できなくなる。たとえば、まったく同じプログラムを持つ二台のロボットを準備して、同時に動かすと、それぞれのロボットは妙なセンサの反応の違いで、かなり違った行動をとるようになる。

おもしろいことがあった。二台のロボットを勝手に動かしているとき、偶然、双方のロボットがお互い発見しあい、対話を始めたのである。むろん、単純な対話しかできないが、勝手にロボットが互いに話し出したのには、開発した我々でさえもちょっと驚いた。まるで、ロボットが自我を持って話し出したかのように見えたのである。

ロボットでなくても、コンピューターグラフィックスで作られたエージェントでも同様のことはできるだろう。しかし、ロボットが実体を持って、偶然にもそのような自律的で、社会的な行動をとると、非常に生々しく見える。本当にロボットが自らの意思で行動して、自らの社会を作る日が来るのではと思えてくるのである。

「ロボビーは怒ったのかな」

このロボビーと遊んでみた人は全員一様に、ロボビーには感情があると言う。むろん、我々開発側としては、感情生成機能は一切実装していない。しかし、たとえば、しばらく遊んだ後でロボビーが突然「バイバイ」と言って離れていくと、「ロボビーは冷たい」とか「ロボビーは怒ったのかな」と言う。あるいは、ロボビーが部屋の隅で「誰か遊んでね」とつぶやいていると、「ロボビー、寂しそう」と言う。さらにおもしろかったのは、研究所に来た客が、あるロボビーと遊んでいると、部屋の隅にいたもう一台のロボビーがやってきて、その二人の間に割ってはいり、「遊んでね」と言って別の遊びを始めた。その様子は、本当にそのロボビーが嫉妬をしているように見えた。

このように、人がロボビーに感じる感情は、まったく主観的である。人間が勝手にロボットの動作から、そう思っているだろうと想像しているだけなのである。

しかし、感情の本質とはそういうものかもしれない。人間は、相手の表情や仕草や口調から感情を単に想像しているだけである。ただ単に想像して、あの人は怒っている、悲しんでいるなどと思い込む。

先にも述べたが、よく私の顔は怖いと言われる。だから新しく来た学生はたいてい私を怖がるけれども、私自身は非常に穏やかな人間で、怒ることはめったにない。それなのに人は、私はいつも怒っていると思いがちである。

このように感情表現とは非常に曖昧なものである。しかし、それは人間社会になくてはならないものでもある。右の私の例は参考にならないかもしれないが、一般的には、笑いや悲しみは世界共通で、どんな人種であってもたいていすぐに、理解しあえる。

ある心理学者が次のように言っていた。

「感情とはもっとも早い意思の伝達手段である」

言葉を使って論理的に説明しても、なかなか自分の考えていることは伝わらない。しかし、感情はすぐに相手に伝わる。人間は、感情によって素早く多くの人と意思疎通を図ることができるのである。しかしそれにしても、そのような感情が主観的にしか判断されていないというのは、不思議な感じさえする。では、

「自分は自分の感情を理解しているか？」

というと、実のところ、それも非常に怪しい。特に小さい子供は自らの感情の認識が難しい。学校に行く時間が近づくと、おなかが痛くなる子供がいるが、学校へ行きたくないのか、単におなかが痛いのか区別がつかなくなるのである。実のところは、学校へ行きたく

ないという思いからおなかが痛くなったのだとしても。

自分の感情に関して意識できるのは、そういった体の痛みである。悲しいという感情は、脳の中で悲しみを感じて、悲しいと思うわけではなく、なんだか心臓の付近が痛くて胸がじいんとなり、その現象が脳によって悲しい記憶と結びつけられることにより、悲しいと感じるのである。怒りも同様である。体温が上がり、イライラした気持ちがつのるという体の反応と、怒りにつながる記憶が統合されて、それが怒りになる。

時折、自分の感情が分からなくなるという人がいる。私も似たような経験がある。自分が怒っているのかどうか、自分が悲しいのかどうか分からなくなるときがある。そういうときは、自分の体の反応と脳の解釈が結びついていないか、体が反応していないかである。

自分の体の反応を解釈するのは、他人の表情を見て、他人の感情を推察するのとよく似ている。普通は、体の反応と脳の反応はうまく一致するのであるが、時に他人の感情を理解するのが難しいのと同様に、自分の感情を理解できなくなるときがある。

人間がはっきり意識できるのは、感覚から刺激が得られたというところだけかもしれない。他人の姿を見たり、言葉を聞いたりすることはできるが、他人が本当に何を考えているのかは分からない。一方、その言葉を聞いて、自分が何を思うのかも、日によって、状況によってころころ変わる。自分がどういう心を持っているのかもよく分からないのである。すなわち、こう考えることができる。

「人間とは他人の心と自分の心にはさまれた感覚器の集合にすぎない」

人間のような心の表現へのアプローチ

自律的に行動するロボットを見て、人々は多くの感情を読み取るが、だからといってそのロボットが、人間のような心を持っているとは、思わないだろう。また、自律的なロボットが心を持っているように見えるとしても、その心は、いわば子供のような幼い心であり、成人の複雑な心ではない。そこで、

「成人の持つ知的で複雑な心を持っているように見えるロボットを作ることはできるか?」

という疑問に挑戦するために取り組んだのが、「ロボット演劇」のプロジェクトである。

このプロジェクトは、意外なところから始まった。二〇〇五年頃、家電製品の組み入れ

システム開発を手がけているメーカーである（株）イーガー会長の黒木一成氏から、ロボットのソフトウェアを開発したいという相談を受けた。それまでいろいろなロボットが作られてきたが、利用法は限られていた。そのためにソフトウェアをもっと開発して、ロボットが普及するようにしたいというのである。

私もまったくの同感であった。当時もまたいまでも、ロボットはパソコンの初期のようなものである。かつてのパソコンは、それまでの家電とは異なるさまざまなことができると期待された。しかし、なかなかキラーアプリケーションがなく、マニアの間でさまざまな利用方法を模索する時期が続いた。そうした中で、アメリカのシリコンバレーを中心として、数多くのベンチャー企業が立ち上がり、その中から現在の情報化社会の基盤となるソフトを作る企業が出てきた。典型的な例が、ウィンドウズを作ったマイクロソフトだ。

現在のロボットをめぐる状況もこれと似ている。多くの可能性が期待されつつもキラーアプリケーションがないという、パソコンの初期と同じ段階ではないだろうか。多くのベンチャー企業の挑戦の果てに、メールやウェブに相当するものが作られ、情報化が我々の生活をわずか二、三年で大きく変えたように、ロボットも、我々の生活を大きく変革する可能性がある。

さて、ロボットのソフトウェアについて黒木氏が提案したのは、演劇だった。「ロボットの表現能力を追求したい、もっとロボットを人間らしく動かし、人間が親しみやすいものにしたい」ということだった。具体的には、ロボットが舞台に立ち、役者として演じるのである。

実のところ、最初私は、この提案に少し戸惑った。演劇というのは単なるショーであり、自律型ロボットの知能を実現したいという研究からは、かなり離れた提案のように思えたのである。しかし、どこか自分の問題意識に触れるところがあった。

それは、自律型ロボットの研究を行ってきたものの、そのロボットに感じる知性はまだレベルが低く、とても人間の成人並みとは言えず、何か違った方法が必要だと思っていたからである、ただソフトウェア開発と言っても、単に作り込めばいいというソフトウェア開発が自分に何かをもたらしてくれるのか、懐疑的だった。

平田オリザ氏の演出方法にヒントを得る

このロボット演劇が重要な取り組みだと明確に思えるようになったのは、脚本と演出に平田オリザ氏を迎えてからだ。黒木氏と、大学の演習科目の一環としてロボット演劇に取り組み始めて、ちょうど三年目のことである。

平田氏は、二〇〇六年から、大阪大学総長の鷲田清一氏に誘われて、全学の組織であるコミュニケーションデザインセンターの教授を務めている。鷲田氏に大阪大学にはロボットの研究があると言われ、興味を持った平田氏が、ロボットで演劇ができないかと話を持ちかけてきたのである。

私は渡りに船だと思い、黒木氏と相談して、三人で取り組むことにした。ただ三人と言っても、ロボットのプログラムは黒木氏を中心に開発してもらい、私は時折学生の様子を見に行く程度だったのだが。

そうやって始まった三人のプロジェクトだが、私が驚いたのは、平田氏の演出方法である。平田氏は、役者に対して一切精神論を口にしない。「もっと感情を込めて」などの、解釈が難しいことは何一つ言わないのである。そのかわり、役者の立ち位置や間の取り方については非常に厳密である。五〇センチ前に来てとか、〇・三秒間《ま》をあけてというように、まるでロボットを制御するように、役者に指示を与えていく。それを見ていて、これならば簡単にロボットもプログラムできると思った。

実際に、ロボットのプログラムは、動作を順につなげていくことで比較的たやすく開発できたと思う。ただ問題となったのは、ロボットが人間ほど自由に動かないことだった。

ロボットは三菱重工業の協力で、「ワカマル」を用いた。ワカマルは日常活動型ロボットとしての完成度は高いが、人間に比べれば、動作は限られる。

この問題を解決するために、黒木氏は、マイム俳優のいいむろなおき氏や、文楽の人形遣いである桐竹勘十郎氏の指導を受け、限られたロボットの動作で人間らしい動作を表現する工夫をこらした。

役者とロボットへの演技指導

演劇に必要なロボットの動作がおおむね完成し、脚本ができあがった時点で、役者とロボットを使ったリハーサルを繰り返した。そのリハーサルは非常に興味深かった。

まず、俳優たちが大きなショックを受けた。それは、平田氏の彼らに対する演技指導と、ロボットに対する演技指導にまったく差がなかったためである。平田氏は、役者にもロボットにも、その立ち位置やタイミングを厳密に指示する。役者たちは、自分たちはロボットと同じなのかと思ったという。

私がそのことを話すと、平田氏は、

「役者に心は必要ない」

と言い切った。平田氏の指示通りに動けば、必ず演劇の中で心を表現できるというのだ。

この意見は、工学者の私とまったく同じ意見であった。我々ロボットの研究者は、人間が持っているかどうか分からない心を直接プログラムすることはできない。心があるように見える動作を生成できる機能をプログラムするのである。

しかし問題は、どうやれば心を持っているように見えるか、我々には分からないということである。心理学や認知科学でも、むろんのこと、そのような研究をしている。しかし、それらの研究は、実験室の統制された環境で発見された人間の性質についてであり、日常生活において、人間が、さまざまな刺激を受ける中でどのように心を表出しているかについては、まったくといっていいほど説明しない。

この、工学者も心理学者も認知科学者も答えを持たない問題に対して、平田氏は、その才能や直感で、いきなり答えを出してくる。平田氏自身も、「なぜそうすればいいかは分からないけど、そうすればいいことは分かる」と言う。

平田氏の演技指導は、先にも言ったように非常に厳密である。たとえば、ロボットと人間の対話で、「人間の方は、あと〇・三秒間を取って」というように指示をする。そうすると、なぜか、ロボットと人間のシーンなのに、両者の間により深い感情のやりとりが見えるようになるのである。

その様子を見たとき、私は、「答えはここにある」と思った。

「ロボットにどのように心を持たせればよいか」という問題は、人と関わるロボットを開発している者であれば、誰でも一度は考えることである。しかし、心とは何かを分からなければ、どうすれば、心を持っているように見せられるのかも分からない。その答えを目の前で見せられたと思ったのである。

この平田氏の演出をすべて記録し、どのような場合にどのような指示を出しているかを詳細に観察してルール化すれば、「心を持つように見えるロボット」の動作生成を可能にするプログラムを開発できるかもしれない。すなわち、心のプログラムが可能になる気がした。

そのことに私よりも先に気づいたのが、ATRメディア情報科学研究所の後安《ごあん》美紀氏である。後安氏は、役者にモーションキャプチャのマーカーをつけて、彼らの動作の詳細を記録するとともに、平田氏が、どのような場合にどのような指示を出しているかを記録・解析した。

リハーサル中におもしろく感じたことが、もう一つある。それは役者が多少やりにくそうにしていることである。ロボットは一度の指示で必ず言われたとおりに修正できるが、人間の役者は、正確に修正できないので、修正後に間違えたら自分が悪いということになるという。

ならば、演劇には、ロボットの方が適しているのだろうか？　平田氏は、将来、少なくとも役者の半分はロボットに置き換わると、大胆な意見を述べている。

「働く私」

黒木氏と平田氏と私がどのようなロボット演劇を作ったのか、ここで改めて紹介しておこう。

平田氏の演劇は、舞台と観客の距離が非常に近い。まるで、一般の家庭を覗いているような距離感である。観客の数は、多くて二〇〇人程度、劇場も非常に小さい。

平田氏が書き下ろした、ロボット演劇のための作品「働く私」には、男女二人の役者と、男女二体のロボットが登場する。時代設定は、近い未来。国の政策で、失業者には家事を手伝うロボットが支給される。人間の男女は夫婦で、夫は、以前は働いていたが、いまは家でぶらぶらしている。

場面は、夫とロボット（男）の何気ない普段の会話から始まり、そのうちに、妻が料理を運んできて、食事が始まる。その食事のかたわら、そのロボット（男）と人間の夫婦が会話するのであるが、ロボット（男）は、精神的な問題で、働きたくない自分に悩んでいる。妻はロボット（男）に、「まずは一緒に出かけることから練習しよう」と、ロボットが働く気になるような提案をする。そこに、料理を作ったロボット（女）が調味料を持ってやってくる。夫婦は、ロボット（女）の能力の高さをほめるのだが、その一方で、働きたくないロボット（男）は外に出てしまう。妻はそれを心配して、後を追いかける。ロボット（女）に言われて夫もその後を追う。そのうち、働きたくないロボット（男）が戻ってきて、ロボット（女）に、「郁恵さん（妻のこと）、夕日を見て泣いていた」と伝える。そして、二体のロボットは「人間は難しい」と漏らす。

長さは全体で二〇分程度である。その二〇分の中に、人間の心の葛藤《かっとう》とロボットの心の葛藤が交差する。

ロボット側のシステムは、移動においては自己位置を認識する機能を用いて、正確に移動できるようにしている。加えて、あらかじめ多くの発話や動作をプログラムしておき、脚本の進行に合わせて、決められた間をとりながら実行していくようになっている。

簡単に言えばスクリプトベースのプログラムである。そのプログラムを平田氏の指示に合わせて修正する。

この演劇は、これまでに、のべ四日間上演された。どの公演でも、終了後にアンケートをとったが、ほとんどの人が「ロボットに人間のような心を感じた」と感想を述べている。

「働く私」より。「ロボットに人間のような心を感じた」という感想が多く寄せられた

発想を逆転させた「心を持つロボットの開発方法」

従来の日常活動型ロボットでは、視覚や聴覚の機能など、一般的にどのような状況や脚本でも必要となるだろう機能を開発し、実装してきた。しかしながら、そのようなロボットをいくら作っても、人間のような心を持つと感じられたことはなかった。一方で、ロボット演劇の観客は皆、ロボットに人間らしい心を感じた。これはどういうことだろうか？ロボット演劇では、特定の状況と特定の脚本に特化して、演出家とともにプログラムを開発している。まったく作り方が違うのである。

そう考えれば、

「人間と関わることを目的とするロボット研究は、間違ったロボットの開発方法をとってきた」

と言えるかもしれない。つまり、汎用的な人と関わる機能を作ろうとして、結果的に役に立たないロボットを作ってきたのではないだろうか。やるべきことは、状況や脚本を限定していいので、徹底してロボットの動作やタイミングを調整し、その状況や脚本において、人間らしい心を感じさせるまでにして、人間と豊かに関われるロボットを実現することではないだろうか。

家庭でサービスをするロボットを作るには、まずその家族に愛着を持たれることが重要である。そのためには、この演劇ほどではなくても、人間が感情移入できるロボットの人間らしい行動が必要になる。

ロボットの開発者がいま一度取り組んでみる価値のあることは、特定の状況や脚本において、人間がロボットに心を感じるレベルのプログラムを多数準備し、それらを統合することであると思う。

たとえば、家庭でサービスするロボットを実現するとしよう。実際にロボットが家庭でできるサービスを考えてみれば、来客を案内したり、メールが届いたことを知らせたり、留守番をしたりすることで、それほど多くない。

ロボットのイメージを現実に近づける

ロボット演劇は、ロボットの研究開発においてもう一つ意味を持つ。それは、特にハリウッドのＳＦ映画の影響で過大な想像を寄せられているロボットのイメージを現実に近づけるという手立てになる、ということである。

現実のロボットの技術は、コンピュータにモータやセンサがついた程度のものである。コンピュータのことを心配しないのであれば、ロボットのことだって、まったく心配する必要がない。

しかし、ロボットという言葉を聞いたとき、SF映画に登場する「世界を滅ぼしてしまうようなロボット」を思い浮かべる人も多いのではないだろうか。だから、研究者はしばしば、「いつか人間社会はロボットに乗っとられるのではないですか？」というような疑問を投げかけられる。

SF映画の世界では、ロボットは偏ったイメージで、非現実的な機能や能力を前提として描かれている。この間違ったイメージを正すには、現時点で実現されているロボットで何ができるかを見せる場が必要である。演劇やシアターという場は、そのために有効だと思う。

私の友人のブラジル人のアーティストが、

「シアターは実験場である」

と言っていた。新しい芸術的試みが、一般の人に受け入れられるかどうか試す場所だということだ。

ロボットについても、SF映画のロボットだけでなく、現実の技術に基づいた近い将来のロボットの姿を見せ、人々に正しい理解をもたらさなければならない。シアターはそのための場になりうる。

これまでのロボット研究では、実験室での実験、実際の街での実証実験、そしてそのあとに、いきなりSF映画の世界が来ていた。この実証実験とSF映画の間に、こうしたシアターのような、ロボットの可能性を示す新しい場が必要なのではないだろうか。

そもそも心とは何なのか

ここで再び、「心とは何か」という問いについて考えてみよう。

これまでの議論をまとめると、心とは、感情とは、人間が人間同士や、人間とロボットの相互作用を見て感じる、主観的な現象である。そして、それは優れた直感を持つ演出家の力を借りれば、十分にロボットでも再現可能なものである。

また、加えて大事なことは、人間は自分に心があるかどうかは分からないが、他者は心を持つと信じることによって、自らにも心があると思い込むことができることである。

それでも、いろいろなことを考えたり感じたりしている自分を実感することはできる。

「それは立派な、心ではないのか？」と反論する人も多いと思う。しかし、いろいろなことを考えたり感じたりするというのは、本当の自分が分かっているということとは違う。

我々ロボット研究者にとって大事なのは、「少なくともこのように考えれば、人間の心はロボットでも再現可能である」ということである。

たとえば、ロボットにセンサをつけて、ロボットがそのセンサからの情報に反応するように見せるプログラムは作れる。ロボットが、与えられた課題を解くために、考えているように見せるプログラムも作ることができる。「本当に感じているか、考えているか」は、少なくとも、人の心を考えるときは問題ではなく、「自分がその人の行動を見て、その人が感じたり考えたりしていると思うかどうか」だけが問題となる。

自分自身の場合も同じである。たとえば、すごく悲しいことがあれば、悲しいと感じるよりも、その悲しさから逃れるために何も感じなくなる人もいるだろう。難しい問題を考えるときに、どう考えていいか分からずにぼんやりしてしまう人もいるだろう。それでも、あとで自分の行動を思い起こしたとき「悲しんだ」とか「考えた」というように人は説明する。自分のことでさえ、他人を観察するように、その行動を思い返すことで観察しているのである。

いろいろなものを見て感じるということは、感じることは分かっても、なぜ自分はそう感じるのかを分かっているわけではない。むしろ、何かを見て、自分というのはこう考えたり、こう感じたりするものなのかと、自分を改めて発見することの方が多い。

考えたり見たりして、自分を発見するというのはどういうことだろう。それは自分では直接自分の心を覗けないということでもある。何かの刺激を通してしか自分が分からないのである。そして、この自分を発見するというのは、きりがない。人間はいろいろなことを経験しながら成長するが、その成長も、自分のものの考え方や見方の変化を通して気がつく。

「自分の心も、他人の心も、観察を通して感じることでその存在に気がつく」

ということである。そして、そのように考えると、

「ロボットでも人間のような心を再現できる」

と私は思うのである。

ロボットの心、人間の心

近い将来、人間のような心を再現できるロボットが我々の社会の中で活動するようになり、その姿形にこだわらず、我々が社会の一員として無意識にでも認めたとしよう。そうなったとき、そのロボットを分解してみれば、「ロボットが持つ人間らしい心は何であるか」が分かるはずである。ロボットの中には、機械とコンピュータのプログラムしかない。それらがどのようにつながっていて、どんな規則《ルール》でロボットを動かしているか、ていねいに調べればいいわけである。

しかし、そこにはおそらく、

「我々の期待するような歴然とした心はない」

同様に、人間にも歴然とした心はない。

これは私自身の限られたロボットの研究経験の中から導き出した、私自身の心の解釈であり、それほど間違っていないと思っている。

こう言うと、「それでも自分は心を持っているとはっきりと分かる。心は自分の中にちゃんとある。心は人間に与えられたものである。そこが人間とロボットの違いだ」と反論する人も多いだろう。

しかし、私は再度言いたい。自分が心を持っているということがはっきり分かるというのはどういうことだろう?

「心とは何か、感情とは何か、知能とは何か、意識とは何か」という問題を突き詰めて考えても、何一つそれを端的に示す人間の機能はない。

たとえば、知能に関して言えば、計算能力を測る手段はあるが、人間の持つさまざまな知能に関するすべてを測る手段はない。また意識の源《みなもと》を正確に説明する脳科学も認知科学の研究成果もまだない。これらの言葉はすべて、人間が感覚器を通して、自分を説明しようとしたときに、そういうものがあるとするなら自分を説明しやすいとして作り出したものだろう。

「人間とは何か」ということを考えたとき、私がもっとも不思議なことは、実体のない「感情、知能、意識」という概念の存在をほぼすべての人が信じ、その概念に実感を抱いていることである。

実感を抱くということと、本当に機能として存在するということは別のことである。実際にあるように感じることが実感であり、本当に存在するということではないのだ。それなのに、実感を抱いているものに関しては、その存在を疑わない。

「感情、知能、意識の存在」や「心の存在」については、先に述べたように疑う人は少ないかもしれない。しかし「人間とは何か？　なぜ生きているのか？」という、より根源的な問いについては、誰しも一度は考えたことがあるのではないだろうか？

以前、ある講演で会場からの質問に対して思わず、

「哲学を持たない者は機械になる」

と言ったことがある。その意味は、自分について考えることはすべて哲学であり、その問題を直接的にも間接的にも、考えることこそ、人間らしいと言いたかったのである。自分とは何かを考えるというのは、まさに心とは何かを探し求めているということであり、言い換えれば、次のようにも言える。

「心の存在を信じない人間や心を探さない人間は機械になる」

心とか命とか、物理的に定義できないものを基準に、自分が誰か、他人が何を思っているかを判断しようとする行為はまさに、哲学であり、人間らしくもあると、私は思ってい

る。

心の実体がなんであるにせよ、人間にとって心は非常に大事なものだ。私も、論理的には心の存在を認めていないものの、実感としては心の存在を感じる。いわば、確信を持って否定できない人間の一人である。

第７章
ロボットと情動

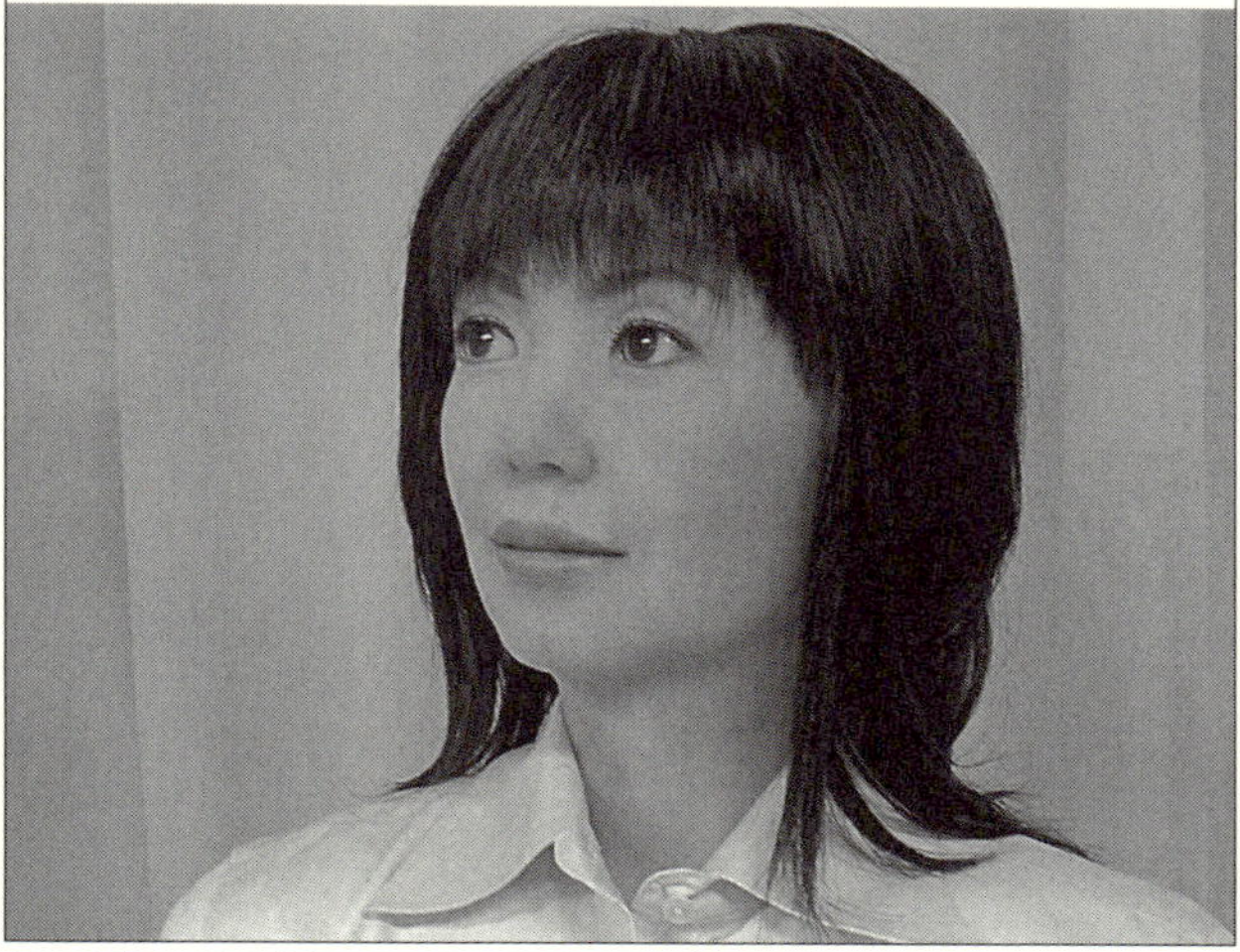

何かを見つめる女性アンドロイド。この顔は現在の３つ目のもの

人が関わり合うための仕組み

ここまで述べてきたように、私は、ジェミノイドやロボット演劇などの研究を介して、人間の存在、人間らしさとは何かについての探究を進めてきた。ここまでの問いは、ロボットを研究しながら自然と生じてきた基本問題だった。しかしその先に、なかなか踏み越えられない壁のようなものを感じていた。次に来る問題は何か思い悩んでいた。

心については、研究を通してある程度まで論理的に解釈しなおすことができた気がしていた。だが、その先にある問題は、もっと深いもので、ロボットを作るような、いわば表層的な人間のとらえ方では到達しえないものであるように思えた。

最近やっと、その先にある問題に踏み出す覚悟ができてきた。

そもそも疑問なのは、

「どうして人同士は、関わり合いたいと思うのであろうか？」

ということである。私は、前章でも述べたように感情や知能は相互作用において現れる主観的な現象だと考えるが、そもそも人は相互作用をなぜ起こすのだろうか？　なぜ人と人は互いに関わり合いたいと思うのだろうか？　人が人と関わり合いたいと思う機能をロボットにも実装しなければ、ロボットと人間の間には、知能や感情という現象は起きない。
この答えは、「情動」にあると言うほかないだろう。人間は生まれながらに他人と関わりたくなるようにできているのだろう。

この「情動」という概念にはさまざまな解釈があるが、私は「人間の遺伝子に書き込まれた人間と関わりたいと思う機能のようなもの」だと考えている。

人との関わりについては、別の考え方もある。人間は生まれてから、親やまわりの人間と関わることによって、さまざまなことを学習し、自我を形成する。すなわち、人間は社会から切り離されていては人間になれない。ゆえに、「人間は常に自分を成長させるために社会に興味を持ち、社会とつながっていようとする」という考え方である。

しかし、この後者の考え方においても、単に自分を成長させるということが他者と関わる強いモチベーションになるとは考えにくい。自分が成長するということはどういうことかも分からないのに、成長したいと思えるだろうか？

性的情動と知的情動

私は、人間が他人と関わりたいと思うのは、性的情動に起因すると思う。

性的情動とは、すべての動物が種の保存のために持つ欲求である。人間も同様に性的情動を持つ。たとえば、裸の男女を一ヵ月ほど一つの部屋に住まわせて、十分に食事を与えれば、必ず性交すると言われる。人間は、動物同様に、性交の相手を絶対的な基準で選ぶのではなく、状況に合わせて選択しているに過ぎない。そう考えれば、人間も非常に動物的である。

しかし、人間が動物と異なるのは、その大脳の発達により、いわゆる知的好奇心を持つようになったことではないだろうか。何かを知りたいという欲求（＝好奇心）これを私は知的情動と呼んでいる。むろん、知的情動もその根本には、性的情動があるのだろうが、時に知的情動は性的情動と切り離されて、知的情動のみで人と関わりたいと思う気持ちを誘発する。

さて、問題はロボットである。ロボットにも情動レベルの機能が必要だろうか？　ロボットの場合、普通はその活動の場と役割があらかじめ与えられている。ゆえに情動がなくとも、プログラム通りに働けばよい。

しかしながら、ロボットも、いまよりもさらに人間と深く関わるのであれば、情動が組み込まれる必要がある。決められた通りに動くロボットと人間の間にできる関係は、役には立つが、人間同士のような関係にはなれないかもしれない。ロボットが人間社会に受け入れられ、人間になくてはならない存在になるためには、人間のように情動を持って人と関わる必要があるだろう。

性研究のジレンマとタブー

情動の問題をある範囲を超えて考えるのは、工学者としては難しいところがある。その先には、必ず性の問題が待ち受けているからだ。

性は、社会を論じる際にもっとも基本的な問題である。たとえば、昆虫の社会性の研究やサルの社会性の研究は、すべて性行動をもとに説明される。しかしながら、こと人間となると、社会性の問題において性が議論されることは極端に少なくなる。人間の研究の場合、性の問題と人間社会の問題をあえて切り離しているように見える。

「高度に発達した複雑な人間社会の問題は、性の問題を無視しても多くのことが学べる」という意見には同意する。しかし、社会性を持つロボットを作る、社会参加できるロボットを作るという立場からすると、人間が社会を構成するために必要とする機能をロボットにも実装しなければならない。そう考えれば、ロボット研究者としては、人間社会の根本を支える性の問題を無視できなくなるのである。

しかしながら、性の問題を不用意に議論することは、研究者にとって非常に危険でもある。多くの誤解を招きかねない。

本書でくり返し述べてきたように、これまで私は、「人間とは何か」という非常に単純な疑問のもとに、従来の工学における既成概念にとらわれることなく、自分が重要であると思う問題に取り組んできた。ゆえにアンドロイドの研究にまで着手したわけであるが、ここにきて、性の問題にぶち当たり、社会的なモラルが直接関わるこの問題に、研究者としていかに純粋に取り組めるか、悩んでいる。

こういった話を最近いろいろな他分野の専門家としているのだが、彼らもそれぞれにその研究の重要性は認識しているものの、どうやって始めたらいいのか悩んでいる。そのような話の中で、興味深い意見に出会った。京都大学のある研究者が「人間とサルの違いは、人間は集団で食事をして個別に性交する。でも、サルは集団で性交して、個別に食事をする。サルから人間に進化したときになぜこのようになったかが不思議だ」と言うのだ。言われてみればその通りである。

ただ、先にも述べたように、人間社会の根幹にある性については、どうもサルのような単純な議論ではすまされそうにない。高度な脳を持った人間においては、単純に性と社会を結びつけることができないのである。

真に人間社会の一員になるようなロボットを作ると考えたとき、この非常に不思議で難解な問題に突き当たることは覚悟しなければならない。

人間を理解するという研究について改めて考えると、それは常にタブーとの戦いであり、純粋な研究であればあるほど、人に理解されにくいものになる可能性がある。レオナルド・ダ・ビンチは、人間を知るために人体解剖をした。それは、人間を知りたいという純粋な欲求から社会のタブーに立ち向かった、ある意味で勇気ある行動なのだろう。近年話題になった、人間のクローンを作るという研究も同様であろう。そして、これから我々は性行動と社会という問題にも取り組まなければいけない時期がくることが予想される。

研究者は皆人間というものに興味を持ち、人間を理解しようとするが、そのアプローチが直接的で核心に迫るものであればあるほど、逆にタブー視されるようになる。その意味で、

「人間とはいかに矛盾に満ちた生き物であるか」

ということを、ロボットの研究を通しても痛感させられる。

人間について知るということは、社会に大きな影響を与えることである。ゆえに、その知見や考え方があまりに急速なものだと、社会はついてこられない。ゆっくりと社会の変

化を待ちながら、人間に対する新たな解釈を導入していくのが健全なのだろう。たとえば、二〇〇九年、臓器移植法の改正をめぐって、脳死問題がさまざまな議論を呼んだが、これもその例の一つだ。

ただ、一方で、情報化社会が人間の生活に急激な変革をもたらし、それまでは未知だった、人間のさまざまな側面を浮き彫りにしたことも確かである。技術が人間の本質を露《あら》わにしはじめたのである。技術発展は止められないのであるから、我々は、人間理解の研究をもう少し速いスピードで深めていかないといけないのかもしれない。

ミニマルデザインの情動ロボット

性の問題について、本格的に研究として取り組める自信は、まだ私にはない。しかし、最近ようやく、情動の入り口部分までは研究として取り組めるかなという気になってきた。

具体的に取り組もうと思ったのは、「ジェミノイドをミニマルデザインしたもの」である。

先に述べた女性アンドロイドやジェミノイドの開発では、見かけや仕草などすべてを人間らしくしようと努めてきた。一方、ジェミノイドの研究では、操作者が自分の見かけと異なるものにも乗り移れることを体験した。

このような研究の過程で「人間から不要なものをそぎ落として、いわばむき身の人間を作ったらどうなるか」という興味が出てきたのである。

おそらくは本書が刊行される二〇〇九年秋には、ある程度の形になっているだろう。現時点では、この取り組みが私の研究の中でもっとも重要な意味を持つ気がしている。

ジェミノイドの研究において、得られた知見の中でもっとも重要なことは、操作者も訪問者も対話によってジェミノイドに適応したこと、特に、操作者においてはジェミノイドの体を通して感覚まで共有できたことである。加えて、先に述べた夫婦の研究者が操作したケースのように、ジェミノイドの姿形が男の私であっても、夫は妻が操作しているジェミノイドに妻を感じていたということである。

そこから、ロボットの姿形が人間として最低限の見かけを持っていれば、そのロボットは夫婦の間にある密な人間関係を媒介できる可能性がある、と私は考えた。夫婦の間には、一緒に過ごしたいという情動が作用しているが、その情動を伝えるロボットを作れる可能性がある。人間の根幹である情動を伝えることのできるロボットを作れる可能性がある。

私が考えているロボットのデザインは、先に述べたような、対話する人間から不必要なものをすべて取り除いた、むき身の人間のようなものである。目と口と少しだけ動く手のようなものがあれば、あとは必要ないと考えている。小型鯨のスナメリのような、抱き枕に目と口がついたようなロボット、そんなイメージだ。

大事なのは目である。目は左右に動き、瞬《まばた》きできる必要がある。「目は心の鏡である」とくり返し述べてきたように、目は人間を象徴する器官であり、「視線」と「対話」と「体」があれば、十分に人間が乗り移れるという確信を私は持っている。

このようなデザインのロボットに、ジェミノイドと同様の遠隔操作機能を埋め込む。パソコンとそれに組み込まれたカメラで、遠隔操作できるようにする。画像処理で操作者の口の動きと目や首の動きを追跡しながら、操作者が喋れば、ロボットの唇が同期して動き、同時に目や口も動く。さらに体には、小さい手をつけて、軽く抱擁したり、体を少し動かしたりする。おそらくは、これだけで十分に人間らしさを感じさせることができると予想している。

このロボットは、人と人を情動レベルで結びつける装置になるのであるから、さまざまな使用目的が考えられる。

たとえば、子供がおじいさんやおばあさんにこのロボットを贈って、パソコンで操作すれば、会いに行けなくても親密な関係を保つことができる。一人暮らしのお年寄りや、病院で寂しい思いをするお年寄りにも利用してもらえる。インターネットにつながっているわけだから、操作者は世界中から募ることができる。夫婦が離れて暮らすのにも使えるだろう。

人と人とを情動でつなぐ

このようなロボットとは別に、ＡＴＲ知能ロボティクス研究所で展開している日常活動型ロボット「ロボビー」についても、遠隔対話の機能を実装した実証実験を行っている。具体的には、ロボビーをインターネットにつないで、必要に応じて人間が直接対話したり、ロボットに動作指令を送ったりしている。人間が人間に期待するレベルのサービスを提供するには、どうしても音声認識の精度が問題になり、自律型の機能だけでは実用レベルに到達しない。ロボットをインターネットに接続し、必要に応じて遠隔操作をする方法が、いまのところ、技術的にはもっとも実用性が高いのである。

新しい製品は、常に特殊な目的から始まり、一般に普及していく。自動ドアなども、もともとはドアを自分で開けられない人のために開発されたものが、いまでは広く使われている。このロボットもそういったものと同じでなければ、広く普及しない。お年寄りの利用からスタートしても、一般の人がさまざまな目的で利用し、新たな通信手段となることを見すえて開発することが重要だ。

ふりかえってみると、携帯電話は音声を伝えるメディアとして、海上無線から一般に普及し、テレビ電話も、特別な会議での使用から、一般のパソコンにおけるチャットの延長として普及してきた。ロボットも、存在や情動を伝えるメディアとして、お年寄り向けから始まり、一般に普及するものになるのではと期待している。

芸術とロボット

先に、情動から性の問題に踏み込むのは危険であると述べたが、一つだけ許される手段があると思う。

それは芸術である。

芸術は、常に人間性に正面から向き合ってきた。芸術の場合は、ほとんどタブーがない。

技術は常に芸術を追いかけている。芸術の中身を解明し、普遍的で再現性のあるものにすれば、それは技術になる。再現性があるということは、芸術家の手をはなれて一般の人々にも利用できるということであり、再現性を持たせたとたんに、特に性に関する問題は社会的にタブー視されるようになる。

しかし、それが芸術家の作品としてとどまっているうちは、タブーはない。ヌードを描いても、性行為を描いても、殺人を描いても、すべては芸術として受け入れられる。実際に、ルネッサンス時代の絵画にはそういったテーマが非常に多い。

いま計画しているもう一つのチャレンジは、ロボットを使った芸術により、性の問題にアプローチすることである。

ロボット演劇も芸術の一つであるが、平田オリザ氏の演出手法に出会って、それが非常に技術に近いことが分かった。私が現在考えている芸術は、もっと偶発的で再現性のないものである。

ジェミノイドを使っているときに、偶然誰かが、非常停止ボタンを押してしまったことがある。非常停止ボタンを押すと、ジェミノイドの体を動かしている空気圧アクチュエータから、空気が抜け、まったくの脱力状態になる。

私の姿をしたジェミノイドがしぼみ、脱力していく姿を見て、私を含めた誰もが、現実に人間が死んでいくさまを思い浮かべた。女性のアンドロイドもジェミノイドもある程度人間らしいが、気をつけてみればすぐに、人間ではないことに気がつく。しかし、非常停止ボタンを押されて死んでいくさまは、衝撃的である。

このとき、人間らしいとか人間らしくないという思いは、すべて消え去る。ただ単に死

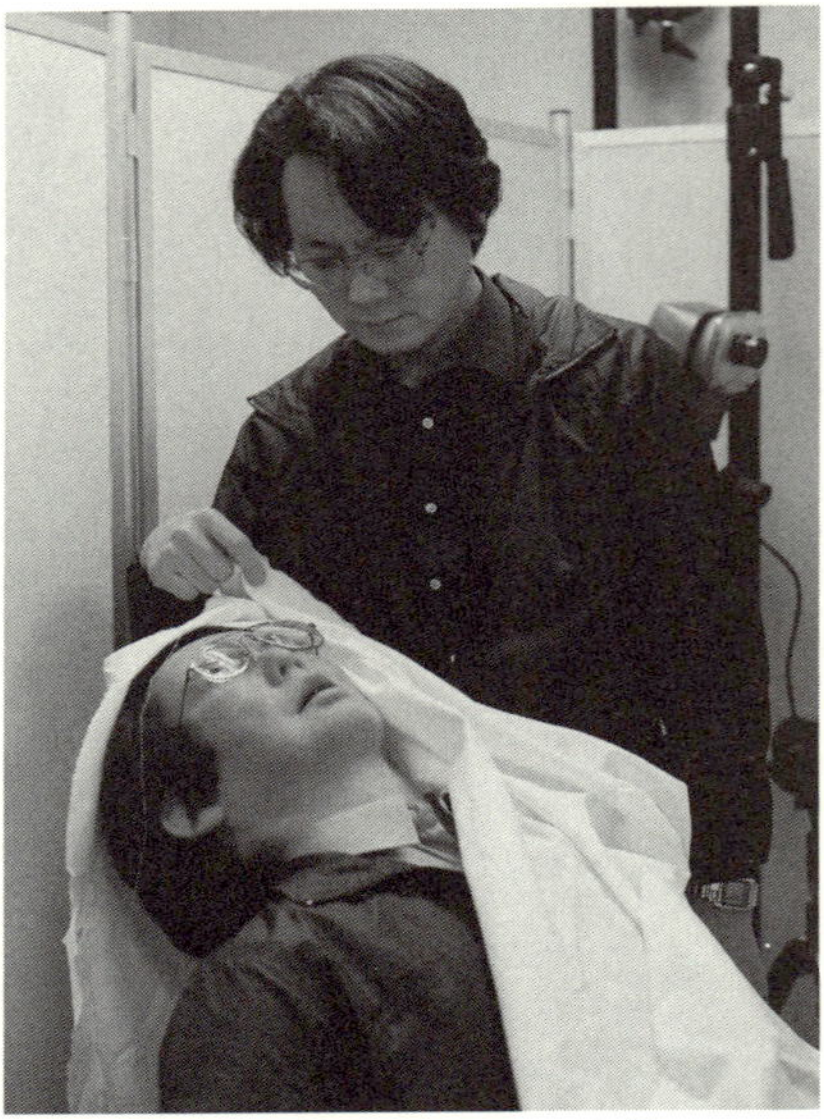

停止状態のジェミノイドと私

んでいくとしか思えない。恐怖は感じるが不気味ではない。厳然とした人間の死である。

リンツに、世界的に有名なアルス・エレクトロニカ・センターというメディアアートの美術館がある。私は、二〇〇九年秋、この美術館で同館専属の芸術家とともに、ジェミノイドを使って、以下のような、生死を表現したインスタレーションを行った。

私がジェミノイドと並んで座っている。その背後のディスプレイには、私の振動とジェミノイドのコンピュータから送られてくる信号が並んで映し出される。しばらくすると、私にあてられたスポットライトは徐々に暗くなるとともに、背後のディスプレイに映し出されている双方の信号も弱まる。それと同時にジェミノイドを動かしている空気圧アクチュエータの空気が次第に抜かれて、ジェミノイドは静かに死を迎えていく。

観た人々に何が伝わったかはまだよく分からない。だが、私は、これまでのロボットでは踏み込めなかった領域に、一歩踏み込めた気がしている。

第8章
発達する子供ロボットと生体の原理

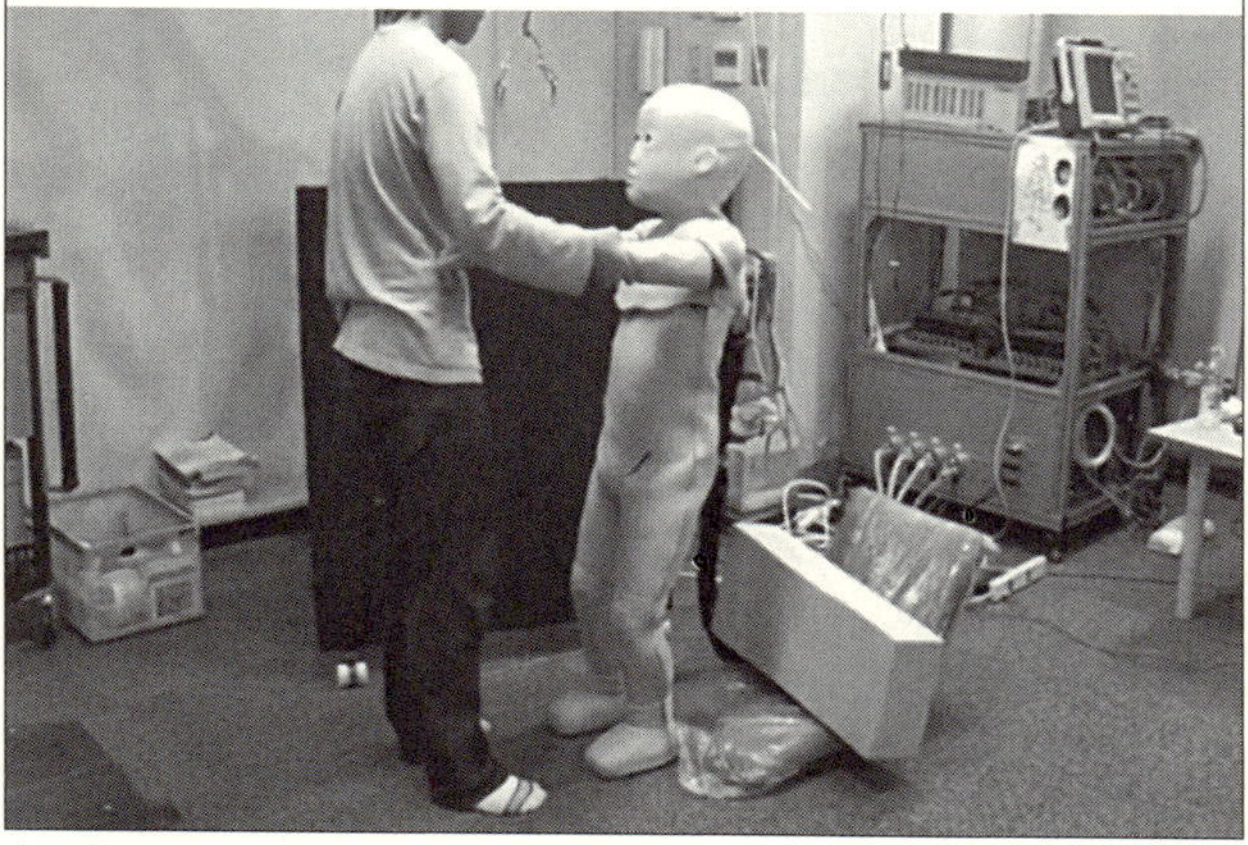
立つ練習をする子供ロボット「CB2」

見かけの問題から内部の仕組みの問題へ

ここまでは、見かけの問題に始まり、人間らしさ、人間らしい存在、そして人間らしい心の話をしてきた。私が進めてきた研究は、ロボットの研究開発において、まだまだ表面的な部分しかとらえていないかもしれない。むろん、表面的と言ってもその本質をとらえていないとは思わないが、さらに、ロボット内部の仕組みの研究を進めることも重要である。

女性アンドロイドや、ジェミノイドを開発してきて、特に問題となったのが、そのメカニズムの複雑さである。人間の筋肉のような柔らかさを持ったアクチュエータを多数持ち、体中に触覚センサが張りめぐらされ、カメラやマイクロフォンを持つロボットは、他のロボットとは異なり、非常に複雑である。たとえば先にも述べたように、腕を曲げるためには、腕の関節だけ制御すればいいわけではない。柔らかいアクチュエータを持っているために、腕を曲げると他の関節も動いてしまう。思い通りに動かすには、常に体全体を制御しなければならない。また、その膨大なセンサの中からどれを使えばいいかということも大きな問題となる。

このようなハードウェアを作るのもたいへんだが、いったん設計してしまえば、あとは組み立てる作業だけなので、たとえば、アンドロイドの場合であれば、企業に発注すれば六ヵ月程度で完成する。

しかし、ソフトウェアの方はそうはいかない。そもそも、どのくらい賢いソフトウェアを作ればいいのか、そのゴールは果てしなく遠い。実際に、これまでに紹介した女性アンドロイドで実現した、ごく単純な「人と関わる機能」を実現するにも、一〇台近いコンピュータが必要であった。より人間らしく動かすには、何台のコンピュータが必要で、どれほどの時間がかかるか見当もつかない。

でも一方で、生物の世界では、そういった問題は克服されている。たとえば人間だ。人間の赤ちゃんは、生まれて一、二年のうちに、無数の筋肉と感覚器からなる体をうまく制御できるようになる。

すなわち、人間の赤ちゃんのように発達するソフトウェアが開発できれば、より複雑になっていくロボットの開発に大きく役立つといえる。

人間発達の三段階をふまえて

むろんそのような「発達するソフトウェア」は、一、二年で開発できるようなものではない。しかし、かつての研究者たちがコンピュータ技術を手にして、夢を描いて人工知能の研究を始めたように、複雑なロボットが開発できるようになった現在、研究者たちは、人間のように発達するロボットを実現したいという夢をいだいている。

この問題に世界に先駆けて取り組んでいるのが、大阪大学の浅田稔氏をリーダーとする、JST（科学技術振興機構）の「ERATO浅田共創知能システムプロジェクト」である。筆者もグループリーダーの一人として、ロボットの開発や発達について研究を行っている。

人間の発達は、おもに三つの段階からなる。

一つ目は、もぞもぞ動きながら、自分の体の構造を知り、自分の体や感覚を使えるようになる段階。二つ目は、母親などと関わりながら、言葉を覚えたり、歩いたりできるようになる段階。三つ目は、複数の人と関わりながら、社会的な関係を学ぶ段階である。

プロジェクトでは、それぞれの段階ごとに、異なるグループリーダーが研究を担当しているが、実際にはこれらの三つの段階をきれいに分けることはできない。ゆえに、私も、三つ目の社会的な関係を学ぶ段階を重視しながら、三つの段階すべてに及んだ研究を行っている。

このプロジェクトで私が開発したのは、子供ロボット「CB2」である。

このロボットは、女性アンドロイドの開発で用いた五六本の柔らかいアクチュエータ、二〇〇に及ぶ非常に高感度の皮膚センサ、左右の二つの目の機能を担うカメラ、耳の機能

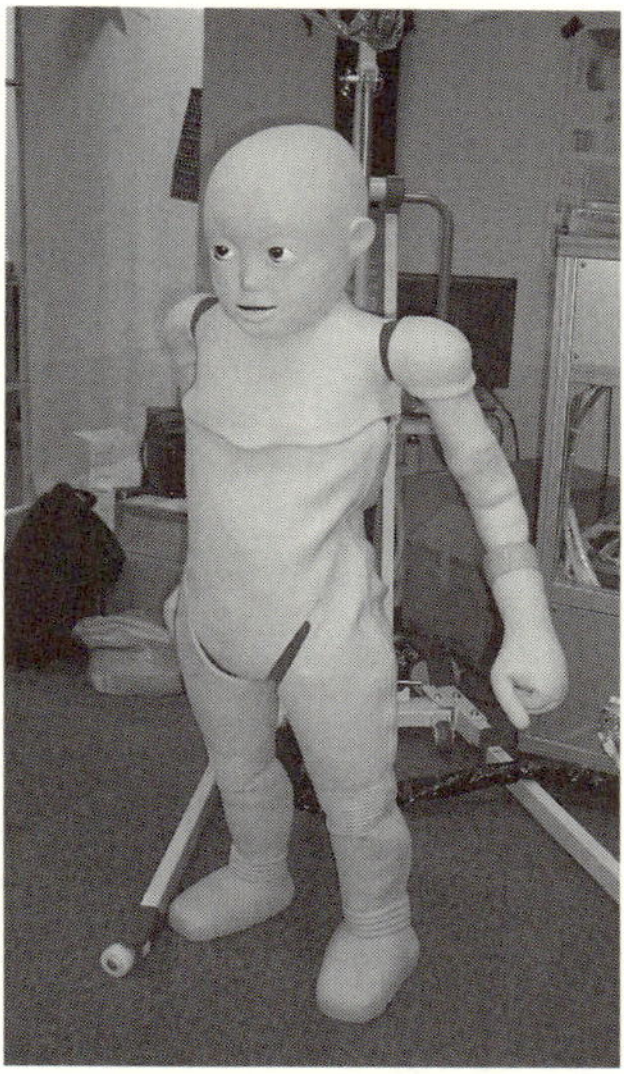

子供ロボット「CB2」

を担うマイクロフォン、そして発声するための人工声帯を持つ。スピーカーで音を出すのではなく、人間同様に声帯を震わせて、音を発するようになっている。また、五六本のアクチュエータは、女性アンドロイドのときのように上半身だけではなく、足も含めて全身に埋め込んである。すなわち、それまでに積み上げてきたハードウェア技術をもとに、可能な限り人間に近いロボットを作ってみようとしたのである。

このようなロボットを作ると、制御が本当に難しい。ホンダのアシモや三菱重工業のワカマルとはまったく違い、歩かせるのも非常に困難で、従来のロボット工学で研究されてきた方法をそのまま使うことができない。ゆえにこのロボットを動かすためには、人間の発達に学んだ新しい研究が必然的に必要となるのである。

これまでにも、新しいロボットの問題、人間理解の問題に取り組むごとに、その問題を象徴するような、より新しい、より人間に近いロボットを作ってきた。この研究もそれらと、まったく同様である。

「自分の体を知る」ための仕組み

先に、「人には三つの発達段階がある」と述べた。

一つ目の段階においては、子供ロボットが複雑なセンサ情報をどのように、理解するようになるかが問題である。

たとえば、人間には体中に、触覚を感じる感覚器が無数にある。この子供ロボットも人間にはとても及ばないが、二〇〇もの皮膚センサを備えている。

私が疑問に思うのは、「どの皮膚センサがどの場所に付いているのかを、どう覚えているのか？」「自分が触ったのと、他人が触ったのをどうやって区別しているのか？」ということである。

皮膚センサの数が少なければ、どこにどのセンサが付いているかを覚えておくことができるが、数が多くなれば、いちいち覚えておくのはたいへんである。

人間の場合、何番の皮膚センサが、どの場所に付いているかをどうやって覚えているのだろう？　全部遺伝子に書いてあるのだろうか？

まず、遺伝子にすべてが書かれているとは考えにくい。人間の体が持つセンサは途方もなく多いが、それらに順に番号が振られていて、この番号のセンサは、指先のこの位置に付いているというような情報がすべて遺伝子に書かれており、生まれた直後からすべて脳が理解しているとはとても考えられない。

人間の場合は、おそらくは体を持ったときから、すなわち、母親の胎内にいるときから、そういった情報を学習によって獲得していると想像される。

赤ちゃんは、自分でもぞもぞ動きながら、世話をしてくれる人たちに体を触ってもらいながら、それらの経験をもとに、どういった場合に、どの皮膚感覚器が反応するかを記憶する。その記憶を整理することで、体のどの場所にどの皮膚感覚器が付いているのかを徐々に理解できるようになると考えられる。このように考えれば、ロボットでも同様の機能を実装できるのである。

実際に、先の写真の子供ロボットをもぞもぞ動かしたり、人が触ったりすることによって、ロボットは、どの皮膚センサがどの場所に付いているかを理解できるようになり、同時に、それが自分で動いて何かに接触した結果反応したのか、それとも、人が触って反応したのかを区別できるようになる。

この体をもぞもぞ動かしながら自分の触覚感覚を学習する様子は、まるで生まれたばかりの赤ちゃんのようで、気持ち悪いくらいに人間らしい。

このロボットはテレビで取り上げられ、もぞもぞ動く様子が放映されたことがある。そのときも、「まるで赤ちゃんのようだ」という多くの感想とともに、「赤ちゃんみたいで気持ち悪い」という感想もいただいた。

ここにも「不気味の谷」があるようだ。人間の赤ちゃんのように動く、灰色の肌をした、人間のような人間でないようなロボットというのは、動きと見かけのバランスがとれていない。

しかし、さらに興味深いのは、テレビで「気持ち悪い」と感じた人でも、実際に研究所に見に来て、この子供ロボットに触れると、一様に「かわいい」と言うことだ。人間が人間の赤ちゃんに引きつけられる何かと同じものが、この子供ロボットにもあるのかもしれない。

人の手を借りて立ち上がることの研究

感覚を自由に理解できるのと同様に、重要なのは、自分の体を自由に動かすようになることである。非常に複雑な体を持っている人間の赤ちゃんの場合、自分の体を自由に動かすようになるためには、親の助けが必要となる。

寝転がってもぞもぞ動くだけであれば、人間であれ、子供ロボットであれ、筋肉やアクチュエータを適当に動かすことで可能である。おそらくは寝返りくらいまでは、人の助けがなくてもできるだろう。しかしながら、立って歩くようになるためには、人の助けは必要不可欠である。

人間の場合、体全身で重要な筋肉は約二〇〇本あると言われているが、たとえば、立ち上がるためにはどの筋肉をどのように動かせばいいかを、経験のない子供が自分で探し出すのは、かなり難しい。自分で立ち上がるためには、どの筋肉とどの筋肉を同時に、どのようなタイミングで動かせばいいかを自分で見つけなければならない。二〇〇本の筋肉のすべての組み合わせを調べるだけでなく、それらを動かすタイミングも発見する必要がある。これは途方もない作業で、ロボットで同じことをした場合には、何年かかるか分からない作業である。そもそもそうしている間に、いまのロボットのメカニズムであれば、壊れてしまう。

子供ロボットを使った研究では、このような問題を人間らしく解決するために、人の手を借りて立ち上がる研究をしている。

子供ロボットが座っている状態で、人間の介助者が、両手を引いて少し引っ張り上げてやる。そうすると、子供ロボットは、その引っ張る力にできるだけ逆らわないように、体のアクチュエータ、特に足のアクチュエータへの力のかけ方を学習する。もちろん、いきなりうまくできるようになるわけではない。何度か繰り返しているうちに、だんだんと上手に立つようになる。

ここで重要なのは、介助者の教え方である。無理矢理手を引くような介助者では、ロボットはなかなか学習しない。介助者は、いまロボットがどの筋肉を使おうとしていて、なぜうまくいかないかを考えながら、時に強く力を入れたり、時に力を抜いたり、また、上

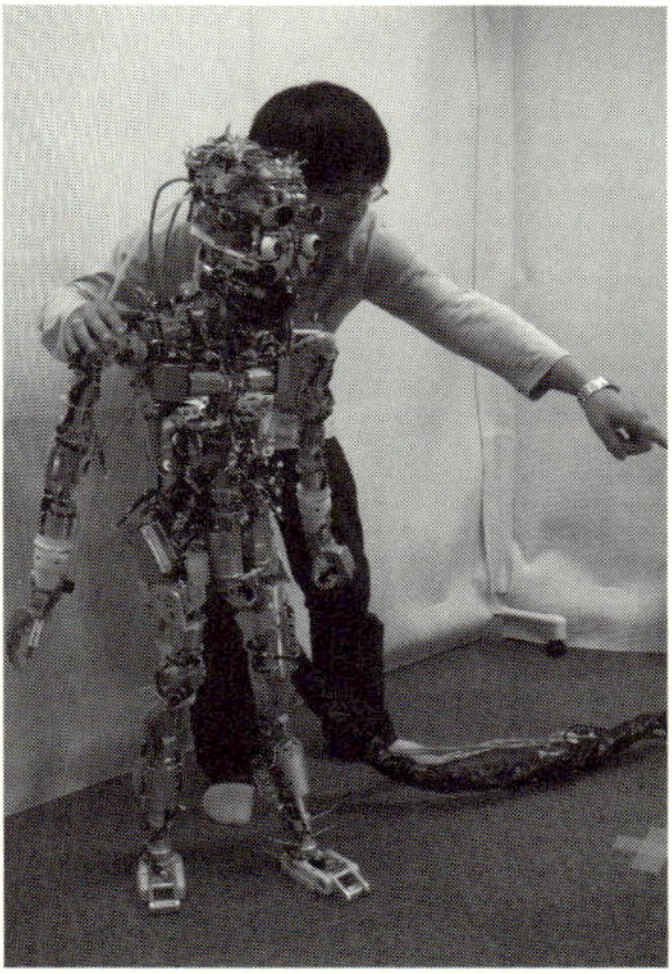

子供ロボット「CB2」の皮膚を取った内部。アンドロイドと同様の人間らしい動きを追求した仕組みである。足を含めて全身が動くようになっている。写真は介助者が指さす方向を見ているところ

の方に持ち上げたりする必要がある。人間の親と同様に、ロボットにもよい親が必要となるのである。

また立ち上がるだけでなく、立ち上がったあと、手を引きながらよちよちと歩かせることもできる。歩くときに大事なのは、歩行のタイミングである。右足と左足を交互に踏み出すのであるが、そのタイミングをうまく誘導してやらないと、ロボットは歩けるようにならない。

このような介助の経験をすると、子供ロボットが従来のロボットとまったく違うことが実感できる。そもそも、人の手を借りないと、立ったり歩いたりできないというロボットはこれまでになかったのであるが、実際にその介助を経験すると、気持ち悪いくらいにこの子供ロボットは、人間らしい。

ある人は、「まるでロボットの中に人間が入っているようだ」とも言った。

このように中身まで人間らしくなると、女性アンドロイドのときのような表面的な「不気味の谷」の現象は、あまり問題にならないように感じる。写真を見ていただければ分かるように、見かけは女性アンドロイドほど人間そっくりではないが、中身が人間らしいと感じることで、そのような人間もいていいと思えるのかもしれない。

人と関わるという機能

発達における二つ目の段階は、人と関わるという機能である。人と関わる機能について、私のグループが特に注目しているのは、複数の感覚を用いて人と関わるということである。

これまでの人工知能やロボットの研究では、たとえば、聴覚なら聴覚の機能だけの研究をしてきた。また、視覚なら視覚の機能だけを実現しようとしてきた。実際に私も、自分の研究者人生の最初の方では、視覚の問題だけに興味を持って研究開発に取り組んできた。

しかし、実際の人間を見れば、視覚や聴覚や触覚がばらばらに発達しているわけではない。すべての感覚、すべての動作が、特に人との関わりを通して同時に発達する。

たとえば、母親が赤ちゃんに話しかけながらおもちゃであやすときは、赤ちゃんは、目で母親やおもちゃを見ると同時に、手でおもちゃを触り、耳で母親の声やおもちゃの音を聞く。そして、手を動かしたり、声を出したりしながら遊ぶ。その声を聞いて、母親はまた赤ちゃんに話しかける。そうして子供は、いろいろな感覚を発達させると同時に、物の名前や言葉を覚えていくのである。

先に述べた体の感覚器の配置を学習するという発達の一つ目の段階は、最初に現れるが、すぐにこの二つ目の段階と一緒になり、一つ目と二つ目の段階は明確に区別されることなく、発達が進んでいく。

では、複数の感覚器を同時に学習することには、どのような意味があるのだろうか？

まず第一に、物の認識には、非常に重要な仕組みだということである。

そもそも、物の意味とは何だろうか？　椅子を見て、なぜ我々は椅子と認識できるのだろうか？　少なくとも単純に形だけを見ているのではない。形だけを見て認識するのであれば、多くの物を椅子と勘違いするし、初めて目にする形の椅子はいつまでも椅子と認識されない。

「物の意味とは、複数の感覚による説明である」

と考えるのがよさそうである。椅子は、触れば固く（柔らかい椅子もあるが）、座ることができる物として、我々は経験を通じて認識している。単に形だけで椅子を認識しているのではない。

一般に、物の意味を説明するときには、複数の感覚を通して感じることを伝える場合が多い。たとえば「ご飯て何？」と聞かれたら「食べられるもの、白い粒、温かいもの…

…」など、多くの感覚から得られる表現で説明するだろう。

このような複数の感覚の対応を同時に学習するプログラムを開発していくなかで、興味深いことが分かってきた。それは、一つ一つの感覚を組み合わせていくよりも、複数を同時に学習した方が、習得が早いということである。たとえば、物の視覚的な特徴と場所と名前を同時に学習する方が、視覚的な特徴と場所、名前と場所の対応を別々に学習するよりも、早く習得できる。

従来の人工知能の研究では、ロボットのような多様なセンサやアクチュエータが備え付けられた体を使ってこなかった。ゆえにこのような「複数の感覚器からの情報を、経験を通して学習する」という機能を実現できなかったのであるが、ロボットではそのような人間の発達にも似た機能を実現することができる。

「社会関係を学ぶ」段階へ

発達について私自身がもっとも興味を持っているのは、三つ目の、複数の人と関わりながら社会関係を学ぶ段階である。

「個体が先か、社会が先か？」

という基本的だが難しい問題がある。

これはいわば「鶏と卵の問題」で、「人間は個人から始まって社会を形成しているのか、社会があるから、個人がそれぞれ人間でいられるのか」という問いである。

これまでのロボットの研究では、ロボットのメカを開発するのに多大な労力を要するために、個体をまず作り、それから、その個体を複数集めて社会を作るというやり方が当たり前のように思われていた。

しかしながら、ロボットの脳をどのように作るべきかと考えたとき、個体の脳を作るのが先か、社会の仕組みを作るのが先かと考えると、よく分からなくなる。少なくとも人間の場合、社会の中で生まれてきて、その社会からさまざまなことを学びながら、赤ちゃんの脳は形成されていく。すなわち社会が先にあるのである。

この問いに明確な答えは出せないが、少なくとも同時に考える必要があるだろう。個体はそれ自身でもある程度発達するが、その発達過程において常に社会からの影響を受けているのである。

では実際の研究においては、どのようにして子供ロボットの脳の機能を作っていけばよいだろうか。個体の発達は、先に述べた一つ目の段階や二つ目の段階の研究によってある程度実現できる。難しいのは、人間社会をモデル化してから、それに影響を受けるように子供ロボットを発達させることである。

実は、人間社会がどのように成り立っているかについては、社会学や経済学など、多数の人間を区別することなく扱う研究分野ではさまざまに議論されているが、少数の人間関係におけるモデルはほとんど提案されていない。一つ目や二つ目の段階では、脳科学や認知科学などから多くを学べるが、三つ目の段階では、学ぶべき他の分野の情報が極端に少ない。

少ない中でも我々は、社会心理学者フリッツ・ハイダーがとなえた「バランス理論」に注目した。この理論を用いて、少人数の人間関係からなる人間社会の小さなモデルを作ろうとしている。

ハイダーのバランス理論というのは、三者関係のモデルである。A、B、Cの三人の人間がいるときに、AとBが親しくて、AとCが親しければ、BとCも親しくなる。また、AがBを嫌っているときに、CもBを嫌えば、AとCは互いに親しくなる。それ以外の関係のときは、三者関係は安定しないというものである。簡単に言えば、ある人をともに好きか、またはともに嫌いなら、その二人は親しくなるというモデルである。

実際の実験でこのモデルを応用する際に、好きになるとか親しくなるという関係は、たとえば、視線を合わせる回数が多いとか、その人の言うことに同意する回数が多い、ということで、ある程度カウントすることができる。

我々の研究では、この三者関係に子供ロボットや先に開発した女性アンドロイドを持ち込み、関係がどのように変化するかを観察しながら、バランス理論が成り立っていく過程を再現しようとしている。

ハイダーのバランス理論は非常に限定的で単純な社会関係のモデルであるが、我々の思いとしては、そのような限定的なモデルでも、社会から影響を受けながら発達する子供ロボットを実現するには役に立つと考えている。

これまで述べてきたように、子供ロボットを用いた発達研究は、従来の脳科学や認知科学でも取り組みが難しい問題を、いわば構成論的アプローチで確かめようとしている。すなわち「ロボットを作ってみることでその仕組みを調べる」という方法で確かめようとしている。ゆえに、そのゴールは果てしなく遠いが、より人間を深く理解するために重要なアプローチだと、私は考えている。

ゆらぎと生体の原理

私は、子供ロボットを開発することで、複雑なロボットを動かすためのプログラム開発の問題を解決しようとした。ただ一方で、たとえその問題が解決したとしても、本当に人間らしいものができるのか、生き物らしいものができるのかということについては、大いに疑問が残っている。

たとえば、人間の脳は一ワットしかエネルギーを消費しないのに対して、脳に劣るスーパーコンピュータは五万ワットものエネルギーを消費する。すなわち根本的なところで五万倍以上の差があるのである。このような致命的な差はどこから来るのだろうか？　このような致命的な差の原因を明らかにしないままに、ロボットは本当に人間らしくなれるのだろうか？

この差の答えは、実は、ノイズの利用ということにある。ノイズとは、ここではランダムな（でたらめな）信号や動きのことである。

生体は、ノイズを非常にうまく利用して、少ないエネルギーで頑強に動くようにできている。一方、コンピュータはノイズを徹底して嫌う。ノイズのない世界で、人間がプログラムしたとおりに正確に動作するのがコンピュータである。

具体的には、コンピュータは、ゼロボルトと五ボルトの状態を作りながら、0と1を表現し、その組み合わせによって、さまざまな計算を行う。このゼロボルトと五ボルトの安定した状態を作るために、大きなエネルギーが必要となる。むろん、コンピュータの歴史の初期に開発された、リレー式のコンピュータや真空管式のコンピュータに比べれば、現在我々が利用している、半導体式のコンピュータは非常に消費電力が少ない。しかしながら、それでも、人間と比べれば、五万倍以上の差があるのである。

では生体はどのようにして動いているのかを簡単に説明しよう。まず筋肉のレベルであるが、人間の筋肉を細かく分解していくと、分子レベルでは、アクチンという分子のレールの上を、ミオシンという分子が移動することによって、筋肉が動いていることが明らかにされている。

このことは、大阪大学の柳田敏雄氏が世界で初めて明らかにした。柳田氏は、その分子の移動は、熱ゆらぎに少しのエネルギーを加えるだけで発生すると説明している。通常、分子は常に熱ゆらぎで揺らいでいる。そこに少しのエネルギーを加えてやると、ゆらぎが大きくなり、それによって、ミオシンの分子が移動を始める。簡単に言えば、ゆらぎ、すなわちノイズによって筋肉が動かされているのである。

同様の例は細胞レベルでも見られる。これも大阪大学の四方《よも》哲也氏によって発見されたことであるが、大腸菌は、環境が変化すると、その遺伝子の発現パターンを変化させて、環境に適応する。その遺伝子の発現パターンの変化は、ゆらぎ、すなわちノイズによって引き起こされているという。

さらに、情報通信研究機構の村田勉氏と柳田氏の研究によれば、我々人間が多義図形を見るときにも、ゆらぎ、すなわちノイズが利用されているという。有名な多義図形としては、コップに見えたり、二人の人間が向かい合っているように見えたりする図がある。その図を人間が見るとき、徐々にコップに見えたり人間に見えたりするのではなく、気がつくとコップに見えたり、また、気がつくと人間に見えたり、その変化は突然訪れる。脳がスイッチを切り替えているのであるが、そのスイッチの切り替えにも、ゆらぎ、すなわちノイズが使われているという。

私を含む大阪大学の研究グループは、これら、分子のレベル、細胞のレベル、脳のレベルと生体のミクロな世界からマクロな世界に至る現象を統一的に説明する、ゆらぎ方程式を提案している。ゆらぎ方程式は、

（制御モデル）×（アクティビティ）＋ノイズ

という単純な形で表される。

従来の工学では、できるだけ正確に制御モデルを設計して、その制御モデルに従って、たとえばロボットを動かしていた。それに加えて、生体は、アクティビティとノイズを利

用している。

アクティビティとはいわば、目標に近づいたことを示すセンサである。制御モデルに従って動いて、うまく目標に近づいているときは、アクティビティはどんどん大きくなる。そうすると、（制御モデル）×（アクティビティ）が大きくなり、ノイズは相対的に小さくなる。

しかし、制御モデルが不正確で、それに従って動いても全然目標に近づかない場合は、アクティビティは小さくなる。その結果、（制御モデル）×（アクティビティ）は小さくなり、相対的にノイズが大きくなる。そうすると、そのシステムは、ノイズに従ってでたらめに動き、再びアクティビティが大きくなるまで、そのでたらめな動きを続ける。

昆虫ロボットと腕ロボット

この式を分かりやすく説明する例を一つ挙げよう。

たとえば、昆虫ロボットを作ったとしよう。その昆虫ロボットが餌《えさ》を取るための、もっとも単純で失敗のない方法は、このゆらぎ方程式を使えば実現できる。

この昆虫ロボットのアクティビティは、餌のにおいである。昆虫ロボットは、餌から遠い場合は、においい、すなわちアクティビティが小さいので、ノイズが大きくなり、その結果、大きくでたらめに動く。大きくでたらめに動いていると、そのうち偶然に、餌に近づく。そうすると、においが少し強くなり、アクティビティが大きくなるので、ノイズは相対的に小さくなり、少し小さくでたらめに動くようになる。これを繰り返すことで、昆虫ロボットはついには餌にありつける。

この昆虫ロボットの戦略は非常に頑強である。環境の構造が分かっていない場合にも、また、昆虫ロボットが正確に動けなくても、ちゃんと餌に到達できる。特に環境の影響を受けやすい微小な生き物はこのような戦略を用いていると考えられている。

しかし、より重要なのは、この戦略は人間の腕のような複雑なものを制御するときにも使えるということである。

それを確かめるために、我々は、人間の腕の骨の構造と筋肉の配置を模倣した、非常に複雑な腕ロボットを開発した（次ページ写真）。実際には、腕一本を作るために、二六本の人工筋肉を使っている。

このロボットの問題は、たとえば、肘《ひじ》の関節を曲げようとしても、複数の筋肉が複雑につながっているために、どの筋肉をどのように動かせばいいか分からないことである。普通のロボットであれば、肘の関節にはモータが一つだけ取り付けてあり、そのモータを動かせば肘の関節は動く。しかし、人間の骨の構造と筋肉の配置をそのまま再現すると、従

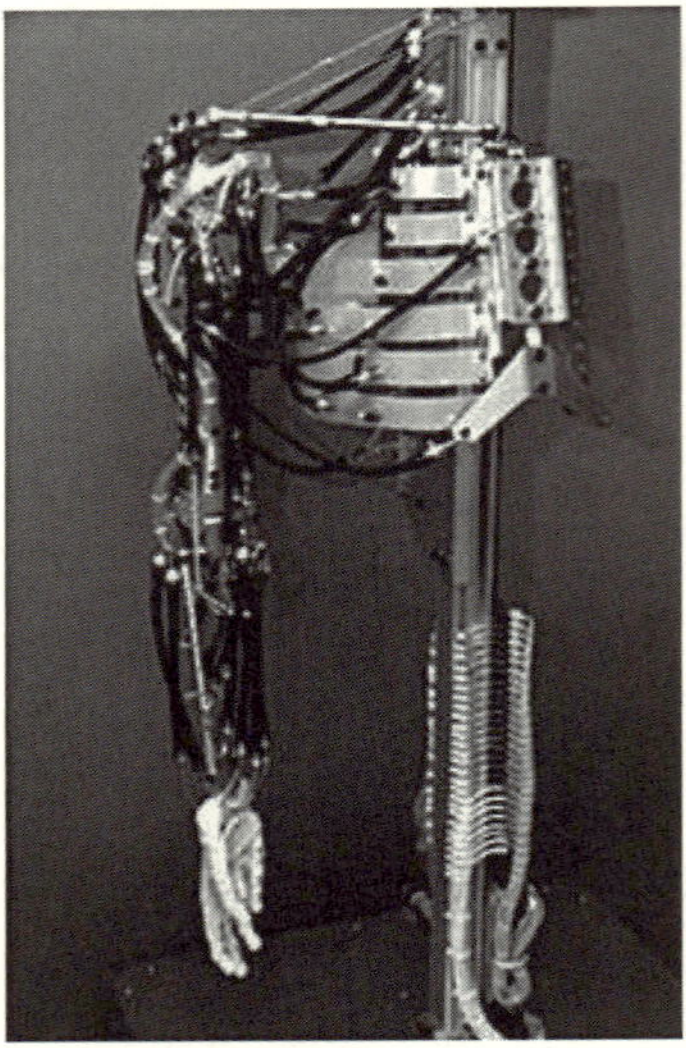

腕ロボット。人間の骨の構造と筋肉の配置を、アルミフレームと人工筋肉で再現したロボット。従来のロボットの制御方法では動かすことができない

来のロボットのように簡単に制御できなくなるのである。

このロボットに先ほどの昆虫ロボットと同じ、ゆらぎ方程式に基づく戦略を用いると、ちゃんと制御できるようになる。腕ロボットの場合のアクティビティは、手先と目標の距離である。この距離は視覚センサなどで直接計測することができる。

最初、腕ロボットは、どうやって動いていいか分からないので、全部の人工筋肉に、大きなノイズを送る。そうすると、腕ロボットはがたがたと動き出す。そしてそのうち、偶然に、少しだけ手先が目標に近づく。それによって、アクティビティが大きくなり、相対的にノイズが小さくなって、腕ロボットは少しだけがたがた腕をふるわすようになる。そして、また、偶然に手先が少し目標に近づく。

これを繰り返すと、ついには、腕ロボットの手先は目標に到達することができる。いったん目標に到達することができれば、後は、どのように人工筋肉を動かしたかを思い出すだけで、二回目からは簡単に腕を動かすことができるようになるのである。

この腕ロボットの動作で大事なのは、腕ロボットは自分の腕の人工筋肉が何本あるか知らないままに、腕を動かすことができている点である。我々人間も、自分の筋肉が何本あるかまったく知らない。しかし、生まれた後に、いろいろなことをしながら、徐々に自分の体を自由に動かすことができるようになる。

ゆらぎ方程式に従えば、まさにそのような生体の基本的な動作を実現することができるのである。

たとえば、人間の赤ちゃんは、生まれた直後は体のいろいろな筋肉をでたらめに動かし、しばらくすると、腕を伸ばしたり、足を伸ばしたりするような特定の動作だけをとるようになり、さらにしばらくすると、それら特定の動作を組み合わせて、より複雑なことができるようになる。

この様子は、腕ロボットがゆらぎ方程式に従って、関節の動かし方を学習するのと非常によく似ている。生まれた直後は、ノイズに従ってでたらめに体のさまざまな筋肉を動かし、そのうち、大事な動作だけを学習していくのである。

私は、先に述べた子供ロボットの発達研究においても、ゆらぎ方程式が非常に重要になると考えている。二〇〇九年現在、私の研究グループでは、先の子供ロボットよりもさらに小さな赤ちゃんロボットを作って、その赤ちゃんロボットが、ゆらぎ方程式に従って、体をもぞもぞ動かし、寝返りをして、はいはいをするという一連の発達過程を学習できることを実証しようとしている。

このゆらぎの研究も、発達の研究と同様に、ロボット研究においては始まったばかりの新しい取り組みで、まだまだ多くの未解決の問題を抱えている。しかしその可能性は非常に幅広い。

人間らしいロボットを作ろうとして、そのメカニズムの複雑さの問題を解決するために、私は、人間の発達の研究に取り組み、その原理を探るために、ゆらぎの研究に取り組んできた。表層的に人間に似せる研究から、生体の原理を探る研究に深化してきたと思っている。

第9章
ロボットと人間の未来

ウィーンのアルス・エレクトロニカ・センターで光の造形物をバックにしたジェミノイド（175ページ参照）

「ロボットは人間を支配しますか?」

人間型ロボットを研究していると、ロボットと人間の未来について、多くの質問を寄せられる。

特に多いのは「SF映画のように、未来社会でロボットは人間を支配しますか?」という質問である。

その答えは、NOでもありYESでもある。

そもそも人間は、さまざまなものに適応する性質を持っている。その性質からすれば、支配するとか支配されるというような明確な関係はない。会社の上司は部下を本当に支配しているのだろうか? 部下に使われ、部下に支配されていると感じる人もいるだろう。自分は亭主関白だと思っている夫は、本当に妻を支配しているのだろうか? 妻は、夫のプライドを守ってやりながら、実はうまくコントロールしているのかもしれない。

同じことがコンピュータの世界にも言える。

人間はコンピュータやインターネットを支配しているのだろうか? それとも支配されているのだろうか?

パソコンはただの機械だから、簡単に電源を切ってしまうことができる。しかし、普段から仕事や個人的な対話でメールを頻繁に使っている人の場合、パソコンの電源を切って

二、三日放っておくと、いつもメールを交換している相手は、どうして返事を返さないのかと疑い出す。そして、いつしか人間関係にまで影響が及ぶようになる。
パソコンはすでに人間社会において重要なコミュニケーション手段となっており、その電源を切るということは、自らをその社会から隔離することになる。ゆえに、パソコンの電源は簡単に切れないのである。

メールのやりとり程度ならまだましである。インターネットを通じてビジネスをしている人にとって、インターネットが使えないことや、インターネットを通じて間違った情報が流れることは、致命的な問題にまで発展する。

たとえば、株のネット取引をしている人にとって、数字の入力ミスは、大きな財産を失い、失望のどん底に突き落とされ、ついには、自殺にまで追い込まれるかもしれないという危険性を秘めている。自分で入力ミスをせずとも、誰かから流された間違った情報で、同様に危険な状態に追い込まれることもある。

インターネットは、すでに深く人間社会に入り込み、人間の命さえ左右するようになっているのである。そのように考えれば、我々はパソコンに支配されている。

むろん、このようにパソコンが人間を支配できるのは、その背後に人間がいるからである。人間がパソコンを使わなければ、パソコンやインターネットが人間を支配することはない。ただ問題なのは、社会に必要不可欠な道具となったパソコンは、個人の都合で電源を切ることもできなくなっているということである。人間が使う道具が、社会に埋め込まれることによって、人間個人では自由にできないものになってしまっている。

技術はエゴで発展する

ではなぜ、我々人間はそのような危険なパソコンやインターネットを平気で利用しているのだろうか。それは次の理由によると思う。

「そこには人間の個人のエゴがあるから」

人間は、あるものについて便利だと思えば、その普及によって社会全体にどのような影響が及ぶのかを考えることなく、自分の都合だけで、受け入れてしまう。

たとえばクレジットカードを考えてみよう。最初のうち、日本人はなかなか受け入れなかった。それは、取引の相手を完全に信用できないと思われたからである。

電話や携帯電話も同じだ。普及しはじめた頃は、電話が中継局で盗聴されるかもしれないとか、携帯電話の電波が途中でだれかに受け取られて盗聴されないかなどと心配した人も多いだろう。しかし、電話や携帯電話をみんなが使い出し、それがないと社会生活も営めないようになると、盗聴されてプライバシーが侵されるという懸念はすっかり忘れて、逆に使わない人を変な人だと思うようになる。

このように、クレジットカードや電話や携帯電話など、人をつなぐ新しいものが世の中に出ると、はじめのうちは信用できずに使うことを躊躇するが、多くの人が使い出すと、自然に自分の中に信用が生まれ、その危険性を忘れて使い出すようになるのである。

ここに人間社会のおもしろさがあると思う。みんなが使い出して、それが人と人を何らかの形でつなぐものであれば、自分も使ってしまう。その結果人間社会にどのような影響が及ぶかについては、そのときは考えることはできず、のちにさまざまな現象が生じてから、改めて考えるようになる。

インターネットは、人間社会に非常に大きな影響を与え、いろいろな変革をもたらした。人間に新たな世界を与え、新たな可能性も引き出したが、同時に多くの問題ももたらしている。しかし、そういったものを受け入れて社会そのものが変化してしまうと、簡単に後もどりできなくなる。

人間は、生物としては、短い時間で進化することはできない。しかし、新しい技術をどんどん受け入れていくそのさまは、人間が社会全体として進化しているように見える。

ロボットは、パソコンにセンサやアクチュエータがひっついたようなものである。ロボットを制御しているのはパソコンそのものだからである。そして、世の中でさまざまなセンサが使われ、自動ドアや動く歩道や自動車が受け入れられている現在、その延長線上で、ロボットが徐々に人間社会に浸透し、それを変革しながら、人間の生活になくてはならないものになるのは、それほど遠い将来ではない。もしかしたら、我々はすでにそのような時代にいるのかもしれない。

むろん、ここで言うロボットは、工場の中で働くロボットではなく、人間と関わり、ロボットの向こうに、電話や携帯電話と同様に人間を連想させるものである。人と何らかの方法で関わるロボットは、パソコン同様に、知らず知らずのうちに人に受け入れられ、気がついたときには世の中を大きく変えてしまう十分な可能性を持っている。

こういったことは、電話やパソコンの普及から類推すれば、比較的簡単に気がつくはずだが、それでも、ロボットだけは特別な扱いを受ける。「ロボットは人間を支配しますか?」という疑問を持たれるのである。その理由は、やはり、ロボットが人間そのものを映し出す鏡であるからで、そのロボットをいわば新たな人種のようなものとして感じてしまうからであろう。逆に言えば、「ロボットは人間を支配しますか?」という質問をする人は、しない人よりも、強くロボットの可能性を実感しているのかもしれない。

人はどれほど考えているのか？

ただ、この情報化社会・ロボット化社会に対する懸念がまったくないわけではない。人と人をつなぐ情報機器が発展してくると、かえって人は人のことをあまり考えなくなるという、反対の側面も出てくる可能性がある。

電話のない時代には、手紙をやりとりした。手紙のやりとりには時間がかかるので、その分、いろいろと相手のことを思い、想像して、手紙を書いた。それが電話ですぐにつながることができると、相手のことを深く考える前に、話ができてしまう。携帯電話にいたっては、気になったときにすぐ相手とつながることができるため、相手のことを考える時間はほとんどなくなった。

すなわち、技術の発展に伴い、人間は他の人間のことを深く想像することなく、単なる情報交換ばかりをするようになってきている。言い換えれば、人間は、ずいぶんと身勝手になって、単に通信するだけのような機械になりつつある気さえする。

ゆえに、新しい技術や情報機器を受け入れるためには、人間そのものがより賢くならなければならない。哲学を持たなければならないと思う。

ロボットを作ることは、人間とは何かを知ることだ。先に、「人間はすべての能力を機械に置き換えながら、その後に何が残るかを見ようとしている」という話をした。これはまさに哲学であるが、そのような哲学を持たずに、単に便利だからその道具を使うということをすれば、人間は逆に機械のようになっていくと思う。技術が進歩すればするほど、人間そのものに対する深い興味と洞察が必要になってくる。

「ロボット三原則」

ロボットが社会に出ることが議論されるとき、常に話題に出てくるのが、アイザック・アシモフの短編小説『われはロボット』(原著は一九五〇年刊行、邦題は早川文庫版による)の「ロボット三原則」という有名なロボットの掟《おきて》である。それは次のとおりだ。

第一条　ロボットは人間に危害を加えてはならない。また、その危険を看過することによって、人間に危害を及ぼしてはならない。

第二条　ロボットは人間にあたえられた命令に服従しなければならない。ただし、あたえられた命令が、第一条に反する場合は、この限りでない。

第三条　ロボットは、前掲第一条および第二条に反するおそれのないかぎり、自己をまもらなければならない。

この掟で問題となるのは、第三条であり、人間とロボットの違いを考えるうえでも、非常に興味深い議論を引き起こす。

たとえば、「複数の人間に危機が及んでいるときに、誰を優先して救助するのか？」「犯罪者や子供の命令にも無条件で従うのか？」「そもそも機械であるロボットがそうした判断を行うことが、人権侵害に当たるのではないのか？」などの疑問や矛盾を引き起こす。

ただ、これらの問題は、ロボット特有の問題ではない。ロボットを人間に置き換えても、社会性を持つ人間としての定義と考えれば、十分に受け入れられる。このロボット三原則においても、ロボットは人間の非常に優れた鏡となっている。ロボットを考えることで結局、人間の抱える矛盾を考えることになるからである。

自分を守ることを優先するのか、人を守り、人を守ることを優先しながら人に服従するのか。自分を守るということは、本当に人を守らないということになるのか。個人と社会の狭間《はざま》で揺れ動く人間の様子は、まさに、「人間は単に個人ではなく、単に社会の一員でもない、個人でもあり社会の一部でもある」という社会性の本質を想い起こさせる。

このロボット三原則が、家電製品にもあてはまると解釈する人々もいる。

第一条　安全（人間にとって危険でない存在）
第二条　便利（人間の意思を反映させやすい存在）
第三条　長持ち（少々手荒に扱ったくらいでは壊れない存在）

というように、解釈しなおせば、まさに家電製品に対する要求となる。この、家電製品に対する要求とも解釈できるという点は、非常に興味深い。結局のところ、

「ロボットは人間と同じ、ロボットは家電製品と同じ」

と言っていることになるからだ。人間社会に埋め込まれ、それなしでは人間が生活できなくなるようなものは、家電製品でもロボットでも、根本的に同じ問題をはらんでいるのである。

ロボットが社会参加するために、このロボット三原則がもっとも重要な掟となるのかどうかは分からない。この三原則での議論は抽象的で、今日のロボット技術から見ると、ほとんど意味がないかもしれない。しかし、ロボットとは何か、また逆に人間とは何かを考えるうえでは非常に興味深い。

ロボットはスイッチを切ることができる。しかし……

では本当のところ、ロボットと人間の、いちばんの違いはなんだろうか？

答えは簡単で、ロボットはスイッチが切れるということである。少なくとも、いま我々が使っているロボットは、簡単にスイッチが切れる。

そもそもロボットに対して、人間は過度な期待と幻想を持っている。ロボットとは何かと聞かれたら、たいていの人は、ホンダのアシモのような二足歩行の人間型ロボットを思い浮かべる。そして、その人間らしい姿形と歩き動き回る様子から、ロボットはそのうち人間と同じようなことをやりはじめ、人間と同じような知能を持つのではないかという危惧をいだく。しかしながら、現状のロボットは人間とはかけ離れており、知能に関してはまったく人間に及ばない。

私にとってむしろ興味深いのは、少しばかり人間に似た姿形と動きを見ただけで、きっと人間のようになると思ってしまう人々の心である。見かけの形や見かけの動きだけで、判断しているのである。

現状のロボットは、いわばモータがたくさん取り付けられたパソコンのようなものである。たとえそれが人の姿形をして、部屋の中を歩き回ったとしても、いまのところ他の家電製品とたいした違いはない。むろん、人のような姿形で歩かせるという技術は驚くべきものであるが、それは、かつての工場で働く腕型ロボットが開発されたときの驚きと同じであり、歩いたからといって知能を持ったわけではない。

よく見れば、家電製品の中にもかなり感心させられるロボット的なものも多い。たとえば、食器洗い機の洗浄ノズルの動きもかなり工夫されていて、けっこう複雑に動く。人間型ロボットが家事をすれば、それは家電としての役割を担う。一方で、いまの家電も、機能の複雑化に伴い人間型ロボットが持つような複雑性を備えてきている。

要するに、ロボットは多くの家電製品と似たような仕組みである。特に重要なのは、スイッチを切れば停止してしまうということである。もし停止させることができないとするなら、それには二つの原因が考えられる。一つはそのアンドロイドが人間らしいがゆえに、停止することをためらうというもので、もう一つは、そのシステムが複雑で日常生活に必要不可欠なものとして組み込まれているために、停止ができないというものである。

言いたいことは、ロボットそのものは単純であり、ロボットを特別なものとして恐れる必要はまったくないということだ。パソコン同様に、簡単にスイッチを切ることができる。しかし、パソコン同様に、スイッチを切ってしまうと、社会的な関係まで失う可能性があるということである。

ロボット自体が特別なわけではない。問題があるとすれば、人と人をつなぐ技術を受け入れ、それらに頼る人間の側にある。しかし、分かりにくい原因を理解することは難しい。ゆえに、分かりやすいものに、その原因を求めてしまうのである。

ロボットの人権

逆に、次のようなポジティブな疑問もある。

「ロボットは人権を持つようになりますか?」

ロボットという言葉を生み出したカレル・チャペックの戯曲『ロボット』(原題の直訳は『R・U・R——ロッスムのユニバーサルロボット』、原著は一九二〇年刊行)では、ロボットは自らの権利を獲得するために反乱を起こす。このような話は、先にあげたアシモフ『われはロボット』でも描かれており、これを原典に映画化もされた(「アイ、ロボット」二〇〇四年)。

しかし、私は、反乱を起こすまでもなく、やがて、ロボットは人権を持つのではないかと想像している。人間の権利、そして動物の権利については常に議論が行われているが、おそらくロボットの権利とは、動物の権利と人間の権利の間に来るもののような気がする。状況によっては、動物以上の、あるいは人間以上の能力を発揮する。そして、動物以上に人間に必要不可欠な役割を果たすからである。

大事なのは、これらに権利を与えるのは、人間であり、人間社会であるということである。映画では、虐《しいた》げられたロボットがその状況に耐えられなくなって、反乱を起こすのであるが、ロボットが耐えられなくなる前に、周囲の人間が耐えられなくなり、ロボットにある程度の権利を与えると思う。

動物が虐待されるのを見て、不愉快に思う人は多いだろう。ゆえに動物を虐待してはいけないという法律がある。同様に、動物以上に人間社会に浸透したロボットに対する虐待を、平気で傍観できる人は少ないと思う。だから、おそらくはロボットが反乱を起こす前に、人間が、権利を与えてしまうことになるのである。

人はロボットに従うのか？　ロボットを従えるのか？

先に、人間はパソコンやインターネットや携帯電話を支配しているのか、支配されているのかが不明確だという話をした。また、人間そのものも、人を支配しているのか、支配されているのか不明確だという話をした。これらとまったく同様に、ロボットの場合も、人間を支配するのか、人間に支配されるのかは、常に不明確なままだと想像する。

人間は一人では生きていけない。互いに支え合いながら生きている。その支え合いの中に、人間だけでなく、機械も含まれると考えてはどうだろう。実際に我々はインターネットにも支えられて生きている。ゆえに、ロボットにも支えられて生きるということも、未来の社会においては自然に生じてくるだろう。

一方で、人間には、他人よりも優位な立場に立ちたいという基本的な欲望がある。この欲望は競争を生み、社会を発展させている。社会では互いに支え合っているように見えるのだが、その社会を構成する個々は、互いに競争しているのである。そして、その競争があるから、社会はさらに発展し、人類は進化する。

「人は競争することしかできないが、その結果として協調という現象が現れる」

のである。おそらく人間の遺伝子には、協調しろとは書いていない。そもそも協調するというのはどういうことかは定義が難しい。しかし、すべての動物がそうであるように、人間の場合も、競争しろと、はっきりと遺伝子に書かれている。

ただ世の中の価値観が多様化してくると、競争も多様なものになる。また、必ずしも目の前の人間と競争することが重要になるわけではない。

競争という原理は単純であるが、実際にそれが引き起こす現象は非常に複雑である。たとえロボットであっても、競争するという本能は必要で、その本能を実装したロボットこそが、本当に人間社会で人間のパートナーになれるのかもしれない。

人間が人間とつながりたいと思う気持ちの奥底には情動があると述べたが、その情動の正体は、競争するという非常に単純な本能かもしれない。

これからどんなロボットが現れるか？

さて、では将来どんなロボットが現れてくるのだろう？

ロボットとコンピュータのもっとも大きな違いは、存在感にある。ロボットやアンドロイドは人間にとって擬人化しやすい対象で、それゆえに、そこに知能や感情や意識があるのではないかと人に思わせることができる。そうしたロボットの性質をうまく利用した製品によって、ロボットは広く生活に浸透していくのだと思う。

ただ、実際のところコンピュータと同じように、どんなロボットの製品が世の中を変えるのかは誰も分からない。メールやホームページがそうであったように、突然のように社会の変革を伴いながら、普及していくのである。そもそも、どんなロボットが普及しているかが分かっていたら、私自身、大学で研究していない。何が起こるか分からないから、研究しているのである。
そのようなわけで、次に述べる社会で利用されるロボットは、個人的な意見に過ぎず、たいした根拠はないのだが、私自身はいまのところ、十分ありうると思っている。

●ホテルの部屋のロボット

存在感のあるメディアがほしいと思う場所の一つは、ホテルの部屋である。出張のとき泊まるホテルの部屋では、どこかむなしさや、寂しさを感じる。特に狭いシングルの部屋は、すごく寂しい。このような感覚は少なからぬ人が持っていると思う。

簡単なロボットでもいい。最初ホテルの部屋のドアを開けたときに、「ああ、今日はここに泊まるのか……」というむなしい思いを多少ともかき消してくれるロボットができないかと思う。何かいろいろ話したいわけでもなく、ただ、人らしい存在を感じるようなロボットがあると、ずいぶん気分が和《やわ》らぐ気がする。

●一人暮らしの部屋のロボット

一方、一人暮らしをしている人にとっては、家も同じかもしれない。どうして、多くの人が携帯電話のメル友を作るのだろうか。一人暮らしをしている若い人たちの間では、

「おはよう」とか「おやすみ」といった簡単なメッセージを頻繁にやりとりしていると聞く。携帯電話の向こうの人の存在を感じることで安心するのである。

これに簡単なロボットを使えば、常に人の存在を感じながら、安心できるようになるかもしれない。ロボットは時折送られてくるメールをそのまま読み上げてもいいし、あらかじめプログラムされた、メールの送信者の持つ動作や癖を再現するようにしてもいい。

これはジェミノイドのシステムの簡易版のようなものである。最初は、遠隔操作で話をしていて、ロボットの向こうの操作者の存在を意識しているのだが、しばらくすれば、ロボットの向こうの操作者の存在はあまり意識しなくなる。それよりも、目の前のジェミノイドに存在感を感じるようになるのである。ロボットにどれほどの機能を持たせれば、これが実現できるのかはまだ不明であるが、これまでの自分の経験では、十分可能性のある新しいメディアになると想像する。

このロボットは特に、長期に人間を結びつけるのに役に立つ。長く人とつきあえば、対話も定型的になってくる。しかし、その人が元気にしているかどうかは常に気になる。対話を通して、互いに健康状態などを気にかけあっているのである。簡単な対話を通して、ごく簡単なことを常に伝えあうようなやりとりが、人を結びつけるのではないか。

●家電製品のロボット

すべての家電製品は、何らかの形で、コンピュータネットワークや人とつながっている。たとえば、パソコンの使い方が分からなければ、メーカーのホームページを見ればいい。定型的な質問は、あらかじめ準備されているが、まれにしか来ない質問については、メールで担当者が返事するようになっている。他の家電製品も同様で、使い捨ての製品でない限り、故障すれば電話やメールを通して相談することができる。

パソコンが使える人にとってはホームページを見て解決する方が早いが、パソコンを使い慣れない人や、使えても操作するのが面倒な人にとっては、質問やクレームを受け付けるコールセンターが便利である。多様な家電製品が出回るようになり、その家電製品の機能もどんどん向上してくると、コールセンターの役割はますます重要になってくる。

しかし、コールセンターのオペレータは、単に質問に淡々と答えるだけではない。実際のところ、問題を解決するために電話をするのではなく、オペレータと話をしたいから電話をするという人が多いとも聞く。

ユーザーが単にマニュアルをちゃんと読まなかったために起こった問題で、コールセンターに電話をしたとしよう。そのとき、オペレータに「マニュアルをちゃんと読んでください」と突き放されることはない。逆に突き放せば、「マニュアルが分かりにくい」と返されるだけである。このやりとりの背景には、家電製品が壊れたとか動かないという問題があるのではなく、家電製品をその会社から、会社で働いている人から購入したという思いがある。オペレータが冷たい言い方で対応すれば、ユーザーは、そのメーカーやそこで働いている人に悪い印象を持つ。

すなわち、コールセンターはクレーム処理のためだけにあるのではなく、人と人をつなぐためにあるのである。

ここに、ロボットを持ち込める可能性があると思う。先に述べた一人暮らしの部屋のロボットと同じである。

メールは電話よりも意図が伝わりにくく、電話は直接対面するよりも意図が伝わりにくい。相手の存在感がないために、人とちゃんと話している気分にならないからである。そこにロボットを持ち込めば、オペレータはいまよりもずっと楽になる可能性がある。クレームと無関係な対話に費やす時間が短くなる可能性がある。

そのシステムは簡単だ。メールやホームページを利用して質問をするのではなく、見かけを擬人化しやすいロボットを通して、オペレータとユーザーが対話するのである。単純なやりとりは自動化することができる。そうすることにより、ユーザーは、ロボットに対して感情移入し、オペレータに感情をぶつけるのではなく、ロボットに感情をぶつけるようになるだろう。

情報化社会の先にはロボット化社会が来る

同様のロボットは、家電量販店の商品説明にも使える。

家電量販店に行くと、多くのパソコンが並んでいるが、いったいどれが自分に合っているか、なかなか分からない。しかし、店員と話をすると、何となく納得して、製品を選ぶことができる。意思決定の助けになる人が必要なのである。

このサービスは、多くの細かい遠隔対話の機能を備えたロボットが行うことができる。パソコン一台一台の横に小さいロボットがいて、普段は、商品のアピールをしている。客が問いかければ、簡単な質問であれば、自動的に答えるし、難しい質問であれば、オペレータが答える。こうすることにより、家電量販店に来るお客に対して、より細やかなサービスが少人数で提供できる。

駅やショッピングモールでも同様である。以前のように駅員や店員がていねいなサービスをすることがなくなってきた。今後はさらに少なくなると思う。しかし、サービスのクオリティが下がることは誰も望まない。人間のような存在感を持つロボット（この場合必ずしもアンドロイドでなくてよい）は、そのような問題を解決するために使われる可能性がある。

電話は、空間を超えて人と人を結びつけた。メールは、空間と時間を超えて人と人を結びつけた（電話のように、すぐに応答する必要がなく、読みたいときに読める）。ロボットは、時間・空間に加え、人の存在を超えて、人と人を結びつける可能性がある。そう考えれば、ロボットがインターネットのように我々の生活に深く入り込み、生活のスタイルに大きな変革をもたらす可能性もあると思えてくる。

「情報化社会の先にはロボット化社会が来る」

と思えるのである。

そのとき人間は、ロボットに適応するのだろうか？　また逆にロボットに使われるのであろうか？　その答えは、インターネットから離れられなくなったいまの我々の姿から、ある程度推測できると思う。

インターネットによって人間社会は大きく変革し、人間と技術が一体化することにより、人間社会は進化したとも言える。その進化の行く末は分からないが、ロボットによっても進化することには、間違いがないと思う。

エピローグ　ロボット研究者の悩み

私は、コンピュータビジョンの研究から知能を持つロボットの研究へとテーマを発展させてきた。これらの研究は私にとっては、同時に人間理解のためのものでもあった。人間理解は、私にとって生きる目的そのものである。それが仕事と一致している私は非常に幸運だと自分では思っている。

しかし、それゆえに悩ましく、難しい問題も湧いてくる。研究をすればするほど、自分が、理想としていた人間像から離れる場合もある。研究をすればするほど、人間そのものが複雑すぎて分からなくなる場合もある。言い換えれば、仕事における悩みがそのまま、自分の人間としての存在価値に対する悩みになり、逃げ場がなくなる。

ただ、幸いなことに、人間は限りなく複雑であり、いくら研究しても、人間とは何かははっきり分からない。簡単に結論が出てしまえば、その結論に絶望するかもしれない。しかし、結論が出ない以上、研究者として探究し続けることに、自分の存在価値を見いだすことができる。

このような研究の特徴は、

「研究する自分という人間も研究テーマになる」

ということである。人間を考えるうえで、もっとも身近な研究材料は、自分自身である。研究する自分を理解することも、大事な研究であり、それがこれまでに述べた研究を支えている。

本書の最後に、私が研究を行いながら、根底で、何に疑問を持って、どのように考えているかを書きとめておこうと思う。これから述べる疑問には、これまでの章で述べてきたようなきれいなストーリーはない。常にさまざまな問題が、頭の中に湧いては消えていくからである。

その中には、やがて具体的な研究につながる問題もあるかもしれないが、いまのところはつながっていない。そのつながっていない問題を、あえてつながらないままに読者に伝えて、本書のエピローグとしたいと思う。

感情と好き嫌い

私は食べ物については好き嫌いが多いが、研究テーマや人間関係についてはあまり好き嫌いがない。ところが、いろいろな人と話をしていると、意外に好き嫌いがあるという人が多い。この研究は嫌いとか、この人は好きじゃないとかよく耳にする。しかし、どんな研究にも視点を変えれば学ぶところは必ずあるし、人間も同様に、悪い面もあればいい面もある。やって損をするという研究は非常にまれであるし、つきあって損をするという人間も非常に少ない。

科学者や技術者であるなら、発見につながるあらゆる可能性にアンテナを伸ばすべきで、そのためには、好き嫌いがあってはいけないように思う。研究の幅や、発見につながる可能性を大きく狭めてしまう。

ところで、そもそも好き嫌いとは何だろうか？

自分の研究分野は、理系であることには間違いない。しかし自分でも、理由があって理系の道を選んだとは思えない。単なる偶然の積み重なりの結果なのだ。

「自分の好みや得手不得手で選んだ」とあとから言うのは、その偶然の選択に何らかの理由を与えないと、あとで悔やむことになるからだと思う。たとえば、理系の道を選んで思ったような成果を上げられなかったとき、「なぜ文系の道を選ばなかったのか」と思うような後悔である。遠い過去にさかのぼっていちいち後悔していては、その時点の目の前の問題に力を注げず、前向きに生きていくことはできない。

そう考えると、好き嫌いや感情というものは、偶然の積み重なりで進んでいく人生を自分なりに納得するためにあるようなものと言えるのではないか。好き嫌いや感情は、無意識のうちに、自分を守るために、自分を納得させるために、都合よく持つものなのだろう。

感情や好き嫌いは元来人間に備わっているものであるというのは間違いないが、人間は、十分な理由がないまま行った自らの行動を、納得し、正当化するためにも、感情や好き嫌いを用いる。人間は、他の動物にはない、そんな感情や好き嫌いの利用方法を身につけているのかもしれない。

悪用できる研究と命より重い研究

本当の研究とはなんだろうか？　この問題についても、常に悩んでいる。「人間理解」という生きる目的と仕事の目的が一致している私にとっては、研究と仕事とは割り切れないところがあり、ゆえに、どのような研究をめざせばいいかは、常に自分にとっての問題となる。

「悪用できない技術は偽物である」

これが私の持っている一つの基準だ。技術とは世の中を変える可能性があるものである。逆に世の中にまったく影響を与えない技術は、意味のない技術であって、技術とは呼べない。

その技術の使い方次第で、悪いこともできれば、よいこともできる。原子力の研究は、爆弾も作れば、電気も起こす。インターネットは、ネットショップなど、新しい多くのビジネスを生み出すとともに、ポルノに簡単にアクセスすることを可能にした。実際に、インターネット利用の七割はポルノ情報だとも言われている。

技術をどのように使うかという問題は非常に重要である。しかしながら、利用方法を考える以前に、世の中を変える純粋な技術開発が必要なのである。「自らが作り出すものが世の中に悪い影響を与えるかもしれない」という覚悟がなければ、研究はできない。

そしてさらに、その研究は、

「自分の命より重い研究」

でなければならないと思う。人間を理解するという研究は、研究することが生きる目的にもなっている。ゆえに、研究よりも自分の命が重いと思うときには、真の研究をしようとしていない可能性が出てくる。「本当に、自分は自分の命より重い研究ができているのか？」この問いは、常に自分に重くのしかかる。

研究とタブー

研究とは、世の中に存在しないことを発見・発明することであって、その世の中にないことは、たいてい、一般の人に理解されることはない。それでも、一般の人の尊敬を得ながら研究をしなければならない。

現在の技術の半歩先をやっていれば、理解も尊敬も得ることはたやすい。しかし、それは本当に未知の問題にチャレンジしていることにならない場合が多い。

私の所属する大阪大学は、大きな大学である。ゆえに、他の小さい大学よりも、チャレンジする問題は大きくなければならない。私が共同研究している生命機能を研究する先生方は本当のチャレンジをしていると常に尊敬している。私は本当のチャレンジをしているだろうか？　少なくともその不安を胸に秘めておくことは非常に大事だと思う。

ただ、問題は、大きなチャレンジはより大きなタブーを引き起こすということである。たとえば、発達する子供ロボットを作るには、人間の子供を徹底的に観察したくなる。そしてそれは単なる観察にとどまらず、いわゆる「統制実験」に発展することになるだろう。統制実験とは、たとえば、この機能がなければどうなるか、このような環境で育てたらどうなるかという特殊な条件の下で、発達を観察することである。しかし、それは通常許されない。そのために、人間を相手にした研究の場合、病例が重要となる。しかたなく、特殊な環境で育てられたり、先天的に機能障害がある人を相手に、人間の性質を見極めたりしようとするのである。

先に、情動研究における性衝動の問題がいかに重要であるかを述べた。この問題はより深刻である。人はどうして人と関わりたいと思うのだろうか？　この問題にまともに取り組むには、性の問題も含めた実験をしなければならない。むろん、人のいろいろな行動を観察して分かることもあるが、正確に理解するには、実験室で再現する必要が出てくるのである。

博打《ばくち》とジレンマ

研究者もこの世に生きる限り、社会の一員である。しかし、研究とは必ずしも社会が受け入れやすい活動ではない。

ヨーロッパで始まった研究という活動には、すべてパトロンがついていた。すなわち金持ちが道楽でお金を出して、研究者を育ててきたのである。それは、いわば博打と同じである。うまくいくかどうか分からないことに挑戦させ、あわよくば大もうけしようとしてきた。

一方、いまの日本では、私も含めて、税金で養われている国立大学の研究者が中心である。教育が目的であれば、悩むことはない。しかし、大きな国立大学のほぼすべての研究者は、教育ではなく研究に興味を持っている。すなわち、税金で雇われながらも博打をしているのである。

税金で雇われる以上、納税者に説明責任がある。しかし、最先端の研究を理解する納税者は、果たしてどれくらいいるのであろうか？　全員を理解させることなどとうていできない。研究を単純に分かりやすく説明するということは、嘘をつくのとほとんど同じである。ロボットの研究をするときに、ロボットのこの機能のこの部分を研究すると私が言っても、誰もそれが必要かどうか分からない。「だから結局何ができるんですか」と聞かれる。そう聞かれれば、「いつかは人間のようなロボットができます」と言わざるを得なくなる。

自己の矛盾との戦い

そして、最後に研究者にのしかかる最も大きな問題は、自己の矛盾との闘いである。人間はきわめて複雑で、一見その行動は矛盾だらけに見える。生物の歴史の中で生き残ってきた人間であるから、そこには理由があり、いつかすべてを説明される日が来るかもしれない。しかし、まだその複雑な行動のすべてを説明できないがゆえに、矛盾に満ちた存在に思えてしまう。

遺伝子には競争の原理しか書き込まれていないと言いつつも、社会を構成して協調して暮らしていたり、心はないと言いつつも、強く心の存在を感じたりしている。知的情動と性的情動を区別しつつも、普段の生活の中では無意識に性的情動に流されてしまう。自分のための行動と人のための行動の区別がつかずに、状況に応じて都合よく言い訳する。

人間を理解しようとする研究者は、このような矛盾から湧き起こる疑問に対して、素直で純粋でなければならない。それはすなわち、矛盾した自分に直面することでもある。矛盾する自分にどこまで耐えられるか、それを抑えるために、思考し続けられるか、私自身も自信があるわけではない。

そういった矛盾する問題として、もう一度最後に、本書の冒頭で掲げた「心とは何か」

という問いに立ち戻りたい。

多くの読者は、やはり「人間には心がある」と思うだろう。「人を見て、その人に心があると思うのは、自分に心があるからだ、同様にロボットを見て心があると思うのは、自分に心があるからだ」と考える読者も多いと思う。

しかし、問題は、「人間に何が備わっていれば、他の人を見たりロボットを見たりしたとき、心があると思うのか」ということである。「人に心はなく、人は互いに心を持っていると信じているだけである」と冒頭で述べたが、心を持っていると信じるためには何が必要なのだろうか？　いくら人間の脳を解剖しても、人間を認知科学的に研究しても、「心とは何か」という問いの答えはこれ以上分からない可能性も高い。そもそも「信じる」とはどうすることなのだろうか？

このような問題は、研究者だけでなく、誰もが直面している問題である。純粋で素直な人ほど、大きな悩みを抱えるだろう。その悩みを解決するために、ひたすらいろいろな本を読む人もいれば、講演会に出かける人もいる。逆に、「それは人間として自然なことだ」と、疑問を受け入れて生きていける人もいる。私の場合は、この疑問をそのまま研究のエネルギーにしているのだと思う。

この悩みは非常に人間らしい悩みであると思う。この悩みにさらされながら生きているのが人間であり、それゆえに、人間は人間と関わり続けようとする。

しかし、この悩みをあまりに、素直に無防備に受け入れると、時として耐えがたくなるのも人間である。これは知能を持った人間の宿命であるとともに、他の動物ともっとも異なる点だと思う。

動物は自殺しない。しかし、人間はこの矛盾に耐えられなくなったときに、人や自分を信じられなくなったときに、自殺する。人間は唯一自殺する動物であり、理性と本能が内面で闘う動物である。誰しも多かれ少なかれ、そのような衝動から死にたいと感じたことがあるのではないか。しかしそれは、人間であることの証《あかし》なのだと思う。

たとえ、「人間は矛盾した生き物である」と理解したとしても、知性を持つがゆえに、合理的に行動しようとするのが人間である。ゆえに、人は、「人間とは何か、自分とは何者であるか」について、考えることを止められない。

そのために、人は多くの心の鏡を求める。

ロボットもその一つである。

ただ、いくら鏡があっても、それは鏡である。その中身を、その実体を見ることはできない。ただ、見ていることに、人間とは何かを考えることに、満足するしかないのである。

謝辞

この本は、研究にともに取り組んでくれた数え切れないくらい多くの研究者や学生、そして、私をさまざまに支えてくれる多くの人たちの後押しによって執筆することができた。深く感謝している。

講談社現代新書　2023
ロボットとは何《なに》か——人《ひと》の心《こころ》を映《うつ》す鏡《かがみ》
二〇〇九年一一月二〇日第一刷発行　二〇二〇年三月一六日第六刷発行
著者　石黒《いしぐろ》　浩《ひろし》

発行者　渡瀬昌彦
発行所　株式会社講談社
東京都文京区音羽二丁目一二―二一　郵便番号一一二―八〇〇一
電話　〇三―五三九五―三五二一　編集（現代新書）
〇三―五三九五―四四一五　販売
〇三―五三九五―三六一五　業務
装幀者　中島英樹
印刷所　凸版印刷株式会社
製本所　株式会社国宝社
本文データ制作　株式会社ＤＮＰユニプロセス
定価はカバーに表示してあります　Printed in Japan

N.D.C.548 238p 18cm
ISBN978-4-06-288023-7

「講談社現代新書」の刊行にあたって

教養は万人が身をもって養い創造すべきものであって、一部の専門家の占有物として、ただ一方的に人々の手もとに配布され伝達されうるものではありません。

しかし、不幸にしてわが国の現状では、教養の重要な養いとなるべき書物は、ほとんど講壇からの天下りや単なる解説に終始し、知識技術を真剣に希求する青少年・学生・一般民衆の根本的な疑問や興味は、けっして十分に答えられ、解きほぐされ、手引きされることがありません。万人の内奥から発した真正の教養への芽ばえが、こうして放置され、むなしく滅びさる運命にゆだねられているのです。

このことは、中・高校だけで教育をおわる人々の成長をはばんでいるだけでなく、大学に進んだり、インテリと目されたりする人々の精神力の健康さえもむしばみ、わが国の文化の実質をまことに脆弱なものにしています。単なる博識以上の根強い思索力・判断力、および確かな技術にささえられた教養を必要とする日本の将来にとって、これは真剣に憂慮されなければならない事態であるといわなければなりません。

わたしたちの「講談社現代新書」は、この事態の克服を意図して計画されたものです。これによってわたしたちは、講壇からの天下りでもなく、単なる解説書でもない、もっぱら万人の魂に生ずる初発的かつ根本的な問題をとらえ、掘り起こし、手引きし、しかも最新の知識への展望を万人に確立させる書物を、新しく世の中に送り出したいと念願しています。

わたしたちは、創業以来民衆を対象とする啓蒙の仕事に専心してきた講談社にとって、これこそもっともふさわしい課題であり、伝統ある出版社としての義務でもあると考えているのです。

一九六四年四月　野間省一